JN034054

TQM
うちのトップ・上司の“大誤解”を斬る！

品質管理で儲かるのか？

飯塚悦功・金子雅明・平林良人 編著
TQMの“大誤解”を斬る！ 編集委員会 著

日科技連

ISO 規格からの引用について

本書は，ISO 9000，ISO 9001 などの表記で規格条文を引用していますが，それぞれ JIS Q 9000，JIS Q 9001 など JIS から引用しました．必要に応じて JIS 規格票をご参照ください．

ま　え　が　き

「品質問題」,「品質不正」,「不祥事」というキーワードを新聞紙面あるいはネットニュースから見ることがなくなる日は果たしてくるのでしょうか.

そのような嘆きの感情をお持ちになる方々は私たちだけではないと思います.だいぶ古い話で，最近の若い方々では聞いたこともない，という方が大勢おられる状況になってしまった,“Japan as No.1”という言葉．本書の読者の方にはご記憶の方もいらっしゃることと思います．日本の製品が世界を席巻し，日本の国力がどんどん上がっていることを感じていた当時の世代は，企業現場の第一線から退く時代にいよいよ突入してきました.

Z 世代そして，もう少し上の世代の方々の中には，失われた 20 年，いえ 30 年ともいわれる日本経済の置かれた厳しい状況下，目の前の仕事をこなすのに精一杯でご自身の所属される会社の製品の質の改善についての議論・検討を他の部署の方と行う機会も時間もない，という方が大勢いらっしゃるように感じております.

大ベストセラーとなった，エズラ・ヴォーゲル著の *Japan as Number One* が出版されたのは 1979 年です．そして ISO 9001 の初版が発行されたのは 1987 年です．つまり ISO 9001 が発行される 10 年近く前から日本の各社の品質への取組みは全世界から高い評価を得られていたのです．このことに改めて意識を向けていただきたいのです．ISO 9001 が世の中に登場したから日本企業各社の品質が向上したわけではないのです.

超 ISO 企業研究会メンバーが執筆をした前著『ISO 運用の“大誤解”を斬る！』は，幸い多くの方々にお読みいただくとともに高い評価をいただきました．しかしながら，同書はあくまで ISO 9001 に焦点を絞り込んだテーマ設定でした．出版によって一定レベル以上のご評価をいただいたものの，同書出版後，私たちの中にはISO 9001だけに意識が向いてしまうと，そこからまた誤解が広がっていくのではないか，という次の疑念が浮かんでくることを拭い去ることができませんでした．なぜなら，日本ではISO 9001が生まれるはるか以前からTQM(Total Quality Management：総合的品質経営，総合的品質マネジメント)という手法を用いて素晴らしい質の製品を世の中に送り出していく数々の企業が大躍進を遂げているからです．

そこで，前著で示したISO運用に関する誤解という視点からもっと大きな視野で品質を捉えたときに，世の中にはびこっている誤解を解きほぐす書を世に問う必要があると考えました．

品質とは何か，品質管理・品質保証とは何か．標準化とは何か．これらの基礎的事項の一つひとつに今一度立ち返り，ISO 9001という枠にとらわれることがないよう，そして広い視野から品質を見つめなおし，品質立国日本の輝きを今一度取り戻していただきたい，という想いで，本書は23に及ぶ誤解を取り上げました．結果として《みんな編》と《トップ・上司編》の2分冊となりましたが，その分，広範囲を網羅することができる内容になったと考えております．なお，それぞれの趣旨はこの後の「誤解の紹介」をご参照ください．

本書は，頭から順番に読んでいただく必要はありません．

1日一つの誤解を読み進めよう，という意識で結構です．また，目次から今日はこの誤解について理解を深めよう，と思って特定のページを読んでみる，ということでもかまいません．

ISO 9001規格は品質マネジメントシステムの入門者向けの規格としては非常によく練られたよいものになってきたと私たちは考えています．しかし，ISO 9001だけでは企業経営を考えていくうえで決して十分ではありません．

TQMは古くから使われてきた手法，概念だからといって，デジタル社会の進展著しい昨今では通用しない，ということでは決してありません．基本はいつの時代であっても同じであり，組織経営には欠かせないものです．その品質に関する基本を改めてTQMという枠組みで読者の皆様には捉えなおしていただきたいのです．

本書は，超ISO企業研究会が毎週発行しているメールマガジンの内容をベースに，品質に関してあらゆる業種業態の方々が基本に立ち返るために必要な加筆・修正を行って取りまとめました．基本に立ち返るといっても，企業活動を意識していますので，最終的には利益を上げることも十分に意識した内容としているつもりです．品質分野のベテランメンバーがそれぞれ自分自身の経験(多くのメンバーが民間企業出身)も踏まえて各項目を執筆しております．それぞれの執筆者の個性を感じながら，読者の皆様にはこれをどのように自社に展開していくか，本書を読み進めながら考えていただければ幸いです．

2021年10月

超ISO企業研究会

事務局長　青木　恒享

誤解の紹介

《みんな編》

誤解 1　高品質＝高級・高グレード・高価な製品ではないのですか？

品質がよいとはどういうことでしょうか．高級，高機能，高性能，高グレード，高価ということでしょうか．でも，安い製品の方がよいという人もいます．「品質」の意味を再認識し，品質の良し悪しがどのように決まるのか解き明かします．

誤解 2　品質の“品”は“しなもの”のことですよね

「サービスの品質」という表現に違和感を覚える方がいます．品質とは「品物の質」のことだと考えているからです．実は，品質の“品”は“しなもの”のことではなく，上品・下品の“ひん”なのです．品質という言葉の成り立ちを確認し，サービス業の特徴を踏まえてサービスの品質をどのように管理すべきか考えます．

誤解 3　「顧客満足」のため，とにかくお客様の言うとおりにしよう．いや素人であるお客様の言うことなんか聞いていられない

品質管理の大原則は「顧客満足」と教えられました．でも，顧客は素人ですし，無理難題も言います．「顧客満足」は本当に品質管理における正義なのでしょうか．「顧客満足」の支持派と懐疑派のそれぞれの立場の意見を吟味して「顧客満足」の真意を解き明かします．

誤解 4　品質管理と品質保証は同じことですよね

「品質管理」と「品質保証」の意味はどう違うのでしょうか．日本の品質管理の発展の過程で生まれた「品質保証」という美しい概念．それに比べかなり限定されたISO 9000での意味．この2つの用語が，日本とISO 9000でどう理解されてきたか，私たちはどう振る舞えばよいか考えます．

誤解 5　最近は管理，管理ってうるさいけど，締め付けばかりじゃ仕事にならないんだよ

「管理強化」と聞くと条件反射的に身構えてしまいませんか．「管理社会反対」にはもろ手を挙げて賛同してしまいませんか．きっと「管理＝締め付け」と思っているからでしょう．品質管理では，管理をそのようには考えていません．業務目的を合理的に達成するために必要な「管理」「マネジメント」の真意を解き明かします．

誤解6　マネジメントですか？　そんな軽薄なことより一にも二にもまずは「技術」ですよ

品質の管理において「技術」と「マネジメント」のどちらが重要と思いますか．この2つは，対立，二者択一の関係にはありません．技術とマネジメントのそれぞれの役割と位置づけを明確にし，両者をどう活用すべきか明らかにします．

誤解7　目の前の仕事を片付けるのがやっとで，管理とか標準化なんて悠長なことを考えている暇はありません

あなたも，仕事が忙しく，問題・課題が山積みで息つく暇もないと嘆いているお一人ですか．そうなってしまう原因は何だと思いますか．仕事が多い，人がいない，業務が複雑，….実は，その抜本的治療法は「管理」と「標準化」にあります．

誤解8　標準化・文書化ばかりやっていると，マニュアル人間ができて本当に困るよ

「標準化」とは，結局は統一ですから，融通の利かないマニュアル人間を増やすことになるとお嘆きなのですね．標準化の本質を理解していないからそうお考えなのです．実は，標準化は独創性・創造性の基盤なのです．信じられますか？

誤解9　プロセスが大事だって？　世の中は「結果」がすべてだよ！

プロセス管理というけれど，手品でも運でも何でもよいから，結果オーライが一番と思いたくなります．でも，いつも手品を使えるわけではないし，幸運が続くとも限りません．プロセスと結果の関係，プロセス管理の真意を明らかにします．

誤解10　失敗の分析？　過去を振り返っても暗くなるだけじゃないか！

自分の失敗の分析は嫌なものです．傷口に塩を擦り込むように「過去を振り返る」のはつらいし，他の人に知られたくありません．でも，なぜ分析が推奨されるのでしょうか．失敗の分析の意味・意義，起こしてしまった失敗への対処法について考えます．

誤解11　PDCAなんて当たり前．じゃんじゃん回しているよ！

PDCAについてはすでにご存知でしょう．「PDCAを回す」というフレーズもよく聞きます．でも，ただじゃんじゃん回せばよいのでしょうか．回し方にコツはないのでしょうか．賢い組織に成長できるPDCAの回し方を明らかにしていきます．

《トップ・上司編》

誤解12　品質管理をやっても儲かりません

良質な製品を作るには，よい部品・材料，緻密な工程管理，厳しい検査が必要で，コスト高になると考えていませんか．実は，適切な品質管理により，コスト減，売上・利益増が可能です．品質が経営に貢献する“からくり”を解き明かします．

誤解13　品質？　もうとっくに価格勝負の時代なんだよ

受注・販売増のための決定打は価格であって，品質は必要条件に過ぎないと思っていませんか．よく売れる製品はいずれコモディティ化し，低価格競争になりかねません．品質の意味を熟考し，ジリ貧に陥らない経営・事業のあり方を考えます．

誤解14　わが社の経営方針は顧客価値創造だから，品質管理とは別の手段を考えないとな

経営者にとって，近年の流行語大賞は「顧客価値創造」でしょう．新しい取組みを始めている会社もあります．でも振り返ってみれば，以前から品質管理をやっていました．品質管理では顧客価値創造ができないのでしょうか．

誤解15　品質不祥事やコンプライアンス違反はTQMと関係ないんですよね？

世を騒がす品質不祥事やコンプライアンス違反が絶えません．頻発する不祥事の防止にTQMは役立つのでしょうか．不祥事を起こす組織に共通の要因を明らかにし，TQMによって健全な組織体制と経営基盤を築く方法を考察します．

誤解16　TQMは方針管理とQCサークル，品質保証をやっていればよいですよね

何をやっていれば「TQMをやっている」といえるのでしょう．まさか，TQMの限られた活動を形式的に実施しているだけではないでしょうね．そのTQMで成果が出ていますか．本当の成果を生むTQM活用のポイントを解説します．

誤解17　わが社はISO 9001認証を受け，検査もきちんとやっているので品質管理体制は万全です

あなたの会社も，検査を実施し，ISO 9001認証を受けるか，それに相当する品質管理体制を構築し運用していることでしょう．その管理体制で万全なのでしょうか．その体制を充実させ，TQMレベルに進化させるアプローチを考察します．

誤解18　品質管理って工場(製造)がやる活動ですよね？

品質管理は製造品質の管理から始まりました．だから誰もが製造で品質管理をやるのは当然と考えています．そして，製造だけがやればよいと誤解している人もいます．品質管理の対象はどこまでで，誰が何をすればよいのでしょうか．

誤解19　品質保証部門の主な業務は「検査」と「クレーム処理」だよね

組織図には必ず入っている「品質保証部門」．営業，開発，製造に比べ，その業務内容はイメージしにくいようです．検査とクレーム処理だけが主要業務なのでしょうか．品質保証部門は，いったい何をどこまでやればよいのでしょうか．

誤解20　しっかり標準化してみんなで守っているから日常管理はばっちりです

TQMの定番である日常管理．その中心は業務プロセスの標準化とPDCA．標準化とその遵守は重要ですが，それだけで日常管理は万全と思っていませんか．日常管理とは何か，その効果的運営のポイントは何か，原点に返って考えます．

誤解21　わが社の方針管理は，各部門へ展開し，半年ごとに進捗確認もしていますから，まったく問題ないですよ

方針管理とは，全社方針を各部門へ展開して，目標を達成するよう叱咤激励する活動なのでしょうか．その方法で経営目的の達成に貢献できましたか．環境変化に応じた，全組織一丸の効果的な方針管理の運営に何が必要か考察します．

誤解22　QCサークルは自主的活動だから，方針管理で取り上げているテーマに取り組むのはまずいですよね

「QCサークルは，同じ職場で働く人々が，自らの職場の課題の解決に自主的に取り組む活動」．QCサークルを説明した一文です．何かおかしいと思いませんでしたか．「エッ，どこが？」と思った方は，ぜひこの誤解をお読みください．

誤解23　わが社はTQMとBPRをやってきたから，次にBSCはどうかね．最近は○○も流行っているみたいだな

あなたがある経営ツールの推進役に任命されたとします．あなたの上司やトップがこの誤解のような発言をしたらどう対応しますか．経営者は経営ツールにどう向き合うべきか，推進役はどう振る舞うべきか，経営ツールの賢い活用法を考えます．

目　次

誤解 12

品質管理をやっても儲かりません

本誤解が生まれる背景

最近，私は共同研究の一環でよく中小・中堅企業と関わることがありますが，品質管理は手間もお金も大変かかる活動である，と認識されているように感じます．また，品質管理／TQM に取り組んでいる有名な大企業の品質担当役員の方であっても，品質管理をやるとコストアップになるという発言を，品質管理に精通していると期待される方々が集まるシンポジウムでも聞いてしまいました．

その際，「どうしてそのように思われるのですか？」と質問してみました．そうすると，いろんなことをおっしゃっていましたが，まとめると以下のような回答でした．

① 品質管理では，製品品質を確実に保証するために検査(受入，工程内，出荷など)を相当にやらなければならない．そのための人員投入や教育にも時間や費用も必要となる．だから，品質を上げようと思ったらコストがかかってしまい，儲からなくなる．

② 品質保証部門の主な仕事は，市場不良をいかにゼロにするかであるから，損失を減らすことはできても，売上を上げることは困難である．

だから,「品質管理」をやれば,市場クレームを防ぐなどによる損失低減は理解しやすいが,利益を積極的に生み出す活動であるとはなかなかイメージできないのだそうです.しかし,果たして本当にそうでしょうか?

かかる費用(コスト)にもいろいろある!

前述の①と②の背景にあるのは,高品質な商品・サービスを顧客に提供し続けるためにはそのための費用(コスト)が必要になる,という考え方です.この考え方自体は間違いではありません.ただし,費用(コスト)といってもさまざまな段階のものがあり,それらを体系的に整理した「品質コスト」という概念がありますので,まずはこの概念について説明しておきたいと思います.

「品質コスト」は**図表 12.1** に示すように分類されています.

1)は「商品・サービスの品質を維持するための管理にかかるコスト(Cost of Quality)」であり,2)は「失敗の発生に伴って企業が被ることになるコスト,損失(Cost of Poor Quality)」です.

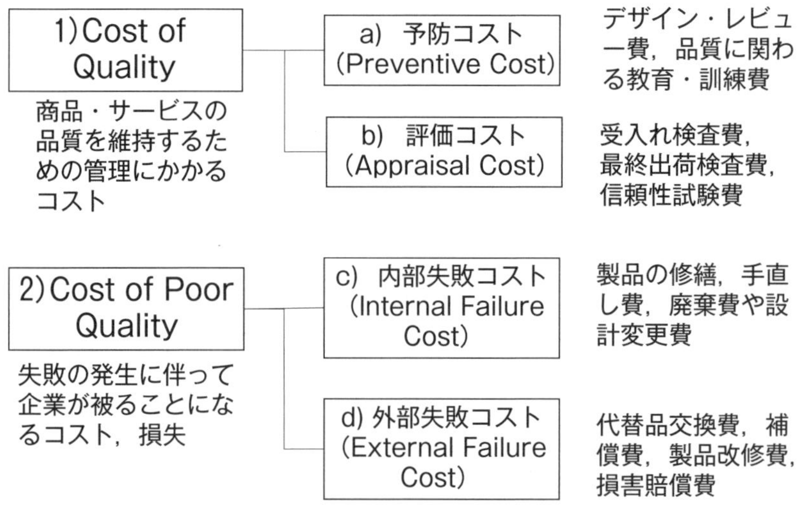

図表 12.1　品質コストの 4 分類

1)のコストは，さらに，a)予防コスト(Preventive Cost)とb)評価コスト(Appraisal Cost)に分けられます．2)の失敗コスト(Failure Cost)は，組織の内外での発生に着目して，c)内部失敗コスト(Internal Failure Cost)と，d)外部失敗コスト(External Failure Cost)に分かれています．

a)の予防コストの代表例には，製品設計の妥当性を評価するためのデザイン・レビュー，部材を納品してくれるサプライヤーへの品質技術指導，品質に関わる教育・訓練などに関わる諸費用があります．

b)の評価コストとは，ねらいの品質になっているかどうかを検査・確認するためにかかる費用であり，受入検査，工程内の中間検査，完成品検査，または設計時に行う各種信頼性試験などに必要な費用が含まれます．「品質管理は儲からない」と思う理由の①は，a)，b)のコストが大きすぎると考えてしまうところにあります．

一方で，c)の内部失敗コストとしては，まずは(中間)製品の修繕，手直し，廃棄や設計変更に関わる費用が挙がるでしょう．さらに，不良や設備トラブルの発生に伴って起こる生産性低下，過剰な在庫による損失も該当しますし，トラブル対応のために優秀な人材が使われ，本来業務の遅れや質低下につながることも多々あります．

d)の外部失敗コストの代表例は，市場クレーム対応に関わる費用であり，この中には代替品交換，補償，製品回収，損害賠償などの費用があります．さらに，これらの市場クレームの発生による風評被害，企業のブランド価値低下に伴う，売上機会損失なども無視できません．特にクレーム・苦情に関しては，比較的安価な製品・サービスの場合，重大クレーム以外はわざわざクレーム・苦情をいうことなく二度と購入しないと決心することになり，ゆくゆくはクレーム・苦情がないのに売上減という状況が発生する可能性があります．なお冒頭の②の発言は，このd)のことについても「市場クレーム対応費」のみを指していると思われます．

そして，これら4つの品質コストを合計した総品質コストを最小化するためには，品質維持にかかるコストよりもその失敗によって被るコストである失敗コスト，とりわけ顧客への賠償，クレーム品の回収・改修費など額が相対的に大きくなる外部失敗コストの低減が重要となります．つまり，予防コストと評価コストを充実することで，失敗コストを大幅に低減し，結果として総品質コストの最小化を図るのです．

例えば，冒頭の「検査や教育の費用が高くつく」という発言は，a)の品質教育やb)の検査の費用のみは一見して大きすぎる費用と思えるところにありますが，それがきちんとなされれば，購入部品の不良や中間製造工程での不良品の早期発見につながりますので，c)の内部失敗コストを大きく削減することが可能ですし，d)の外部失敗コスト全般にわたる低減効果を期待できます．

言い換えれば，a)とb)の費用は一見大きく思えますが，c)とd)にかかる額を減少することが可能であるので，a)～d)までの品質コストの総額を大きく改善(低減)することができます．

つまり，①の発言はa)の一部やb)の費用しか見ておらず，実際にはa)～b)を投資と考えて合理的なコストをかけ，c)～d)を最小化すれば，総合計費用は増加するのではなく，むしろ低減するということになるのです．

このように，4分類で品質コストを捉えることの有効性が認められる一方で，東京大学名誉教授の久米均先生が指摘しているように[1)]，

- 総品質コスト最小が利益最大化ではないこと
- 総品質コスト最小が必ずしも製品コスト最小化を意味しないこと
- 失敗コストでは失敗に伴って発生する見えない損失，すなわち機会損失をうまく評価できないこと

などから，品質コストは品質管理やTQM活動によって得られる効果の一部しか評価できていないという限界があることには留意すべきでしょう．

品質ロス(機会損失)

品質の維持に失敗したコスト，すなわち失敗コストについて，久米先生が指摘しているように，失敗コストではその失敗によって生じる目に見える損失ば

かりではなく，目に見えない潜在的な損失，すなわち機会損失をも捉えるべきです．例えば，変動費分の製造原価が製品1個当たり1,000円とすると，不良品10個であれば10 × 1,000=10,000円の内部失敗コストとなりますが，これに伴う機会損失としては，

- その製品10個を仮に良品として顧客・市場に出して売れることによる売上増
- 不良品10個の発生に伴う不適合製品の管理コストや再生産の製造原価などの対応コスト増
- 10個の製品の“再生産”に投下した人・モノ・カネなどの経営資源を，本来新たな製品の生産に投下されることによって得られたはずの売上増

などがあります．

さらに，内部失敗コストではなく，市場クレーム発生などの外部失敗コストを考えてみると，代替品交換費，補償費，製品回収費，損害賠償費などは目に見えるコストとして算出しやすいですが，その裏には機会損失として，市場クレームの発生による風評被害，企業のブランド価値低下に伴う売上機会損失などがあります．これらの機会損失は，目に見える失敗コストの数倍以上(少なくとも3倍や5倍，ことによると10倍も！)あるともいわれています．

つまり，目に見えるコストと目に見えないコストがあるということと，しかもこの目に見えないコストのほうが見えている部分の何倍も大きいので，品質維持活動はコストというよりも，品質が悪いことに起因する「ロス(機会損失)」を防ぐ活動と捉えたほうがよいでしょう．

以上のことからおわかりいただけたと思いますが，本誤解のテーマ「「品質管理」をやっても儲かりません」，言い換えれば「Q (品質)を上げれば，それに比例してC (コスト)も上がる」は誤解です．繰り返しになりますが，上の話でいえばQ (品質)を上げることで外部や内部の失敗コストを大幅に低減し，その結果としてその製品の品質を維持するためにかける必要のある総費用を低減できます．そればかりか，品質が悪いために生じる機会損失，その結果として生じる逸失利益という広義のコストを取り戻すことができます．つまり，

「Q（品質）を上げれば，C（コスト）は劇的に下がる」
というのが正しい理解です．確かにQ（品質）を維持するためにはコストが必要ですが，決してC（コスト）とトレードオフの関係にあるわけではなく，両方を同時に達成することが可能だということを認識しておいてほしいと思います．

“予防”のための TQM，品質管理

上述したように，品質に関わるコスト・損失には，内部／外部と，顕在／潜在の2つの側面があります．そして，品質ロスとしては潜在的な機会損失がかなり大きいことから，組織の内部・外部で発生する失敗を予防することが極めて重要となります．このことは，品質コスト4分類のうちの「予防／評価コスト」が重要であることを意味しています．

ただ，「予防／評価コスト」にかける額の大小が重要なのではなく，どう予防するのか，すなわち予防のためにどのような活動をするのかが肝要です．品質管理や TQM の歴史的推移（検査重視→製造プロセス重視→企画・開発重視→総合的品質経営重視）を踏まえれば，まさに予防＝品質管理や TQM 活動そのものであるといってもよいでしょう．

企業の品質保証，品質管理の部門に所属している方は，このような失敗コストやそれに伴う品質ロスの“予防”に力点を置いた品質管理活動をなさっていることが多いように見受けられます．機会損失を含めて d）の外部失敗コストを最優先で削除しながら，次第に c）の内部失敗コストの低減に向けた活動を推進し，最終的には b）の評価コストさえも低減対象として広げて，品質コストの総費用の多くを a）の予防コストにかける，という理想の状況をめざしているのかもしれません．

予防を目的としたこれらの活動は「利益＝売上－原価」という計算式における原価を低減することによって利益を増やす手段として大変意義のある活動だといえます．

予防から顧客価値提供へ

一方で，TQM や品質管理活動は，利益の計算式でいえば，売上を増加させることはできないのでしょうか．上述したように，品質ロスの発生を予防することで「その製品 10 個を仮に良品として顧客・市場に出して売れることによる売上増」や「その 10 個の製品の“再生産”に投下した人・モノ・カネなどの経営資源を本来新たな製品の生産に投下されることによって得られたはずの売上増」によっても売上増が期待できますが，もっと“直接的”な貢献はできないものでしょうか．この質問は，冒頭の発言の後半にある「売上を上げることは困難である」に対して疑問を投げかけることでもあります．

そもそも品質とは，顧客ニーズとの合致度合いを意味します．すなわち，品質がよいとは顧客ニーズに合った製品・サービスであることであり，よく売れるということです．近年は顧客ニーズの多様化・高度化とともに競争環境の激化から，製品・サービスの性能・機能そのものではなく，そのような性能・機能を有した製品・サービスを通じて顧客にどのような価値をどの程度結果として提供できたか，すなわち「顧客価値」が着目されています．そして品質＝製品・サービスを通じて提供できた価値に対する顧客の評価と捉えれば，品質がよいということは，すなわちよく売れることで，品質管理／TQM ＝顧客価値提供であるといえます．

顧客価値とは，提供された製品・サービスを消費，使用する際にお客様が感じる効用，メリット，有効性のことを指します．そして，市場に多くの類似製品・サービスが存在している場合には，その顧客価値を最も提供してくれそうな会社の製品・サービスを顧客は選ぶことになります．

例えば，スターバックスは，この点が競合組織よりも優れているおかげで，顧客に選ばれ続けています．皆さんもご存知のように，スターバックスは日本においては 1,000 店舗を超え，どの都道府県にも最低 1 店舗以上はあります．「スターバックスは顧客に何を提供しているのか？」と質問されれば，コーヒーとそれに合うフード，と答えそうですが，スターバックス自身はそう考えていません．

彼らが顧客に提供しようとしているのは，そのような製品・サービスを通じて「(自宅でもない，会社でもない)ひとりでホッとできる空間(第3の場所)」という顧客価値だそうです．コンビニエンスストアの100円のコーヒー(味も相当に改良されていますが)と比べて，わざわざコーヒー1杯が3倍の300円以上もするスターバックスにお客さんが行くのは，この「顧客価値」が理由となっています．

他にも，家電量販店の主要な一角を占めるようになった美容電化製品コーナーが提供しているのは，「自宅で毎日気楽にできるエステ」という顧客価値です．忙しいワーキングウーマンにとっておしゃれ，お肌などのお手入れはとても大事ですが，わざわざエステに通う時間的余裕はありません．家電製品としては高額ですが，エステに行くことと比べれば安価であり，毎日家に帰ればすぐにできます．

家電量販店で一番安いドライヤーは2千円弱で買える一方で，美容電化製品コーナーにある某メーカーのドライヤーは10倍の2万円以上もしますが，よく売れています．

つまり，品質管理／TQMの活動を“予防”からさらに一歩進めて“顧客価値提供”にシフトすることで，売上増に対して大きな貢献ができるのです．いや，優れた商品企画によって，よく売れるという機会を損失しないように“予防”していると捉えてもよいかもしれません．その意味では予防コストは，コストというより“投資”と捉えるべきかもしれません．

品質管理／TQMの本質的な意味合いから利益との関係を考える

これまで品質と利益との関係については，品質コスト，品質ロスの予防や顧客価値提供の観点から述べました．ここでは，「品質管理＝品質＋管理」と考えて，それぞれのそもそもの本質的な意味合いからその関係性を考察していきます.

まず,「品質」の根源的意味や目的から, 品質がよいとは製品・サービスの受け手である顧客に受け入れられることであり, よく売れるということです. 品質がよいものは, 単に多く売れるだけでなく, 顧客自身も気づかない潜在的ニーズに, 競合相手よりも一早く対応した製品・サービスを実現したことになり, 品質のよいものを市場に提供することによって, 市場価格よりも高いプレミア価格で売れることになります. つまり, 売上単価と売上個数の増加に寄与するので, 品質のよいものは総売上高に貢献します.

次に, 品質は高品質な製品・サービス提供のための組織内の事業運営活動の効率化にもつながります. 品質には, 製品・サービスの受け手の直接顧客やその他の利害関係者という組織の外部にいる方ではなく, 組織内の各事業プロセスの担当部署を顧客としてとらえる「内部顧客」という考え方や, 各部署が担当する「業務やプロセスの質」の向上にもつながります.

さらに,「管理」について, 品質管理においては「目的を効率的, 継続的に達成すること」を意味すると考えています. “目的” とはどんな活動も目的が何かを明確に定めることが重要で, 目的＝高品質な製品・サービス提供であるということです. “効率的” とは, 目的達成のために経営資源(人, モノ, カネ)も好きなだけ投入してもよいというのではなく, なるべく少ない時間と経営資源で目的を達成すべきであるということであり, 最後の “継続的” とは, 効率的な目的達成をある１回のみ実現するではなく, 安定して何回も確実に達成することを意味します. また, 管理すべき対象は, 先の①の発言における検査のみならず, 市場調査, 研究開発, 企画, 設計, 購買, 製造, 販売, サービス提供などのすべての品質機能, 経営活動です. つまり, 管理とは組織内のあらゆる活動を対象として, 効率性を含めた目的達成を実現するための手段である, と考えています.

「管理」が適切に行われることで, 従来よりも少ない経営資源の投下でこれまでと同様な量や高品質の製品・サービスを提供できるようになります. つまり, 事業運営活動の効率化による費用・原価低減効果が得られるとともに, 効率化によって節約した経営資源を新たな製品・サービス開発に同時並行に投下することで，売上増に貢献するのです．

以上のことから，品質と管理のそれぞれの本質的な意味合いから照らしてみても，品質に取り組むことは売上増，費用・原価低減の両方の効果が得られ，結果として高収益を確保できるという結論を導くことができます．

品質とは「投資」である

これまでの話をまとめておきましょう．

- 品質に関わるコスト・ロスには内部／外部と，顕在／潜在の２つの側面があるが，潜在的なロスが圧倒的に大きいことから，コストではなく，品質が悪いことに起因するロスであるととらえるべきです．
- 品質ロスの“予防”としての品質管理／TQMであり，利益＝売上－原価の原価を主に減少させる効果があります．
- 品質管理／TQMに基づく顧客価値提供を行うことで，売上増に対して多大な貢献ができます．
- 品質管理の本質的な意味合いから見ても，高収益確保に貢献できるという同じ結論が導けます．

これらの点を踏まえれば，将来発生する可能性のあるさまざまな失敗コスト，機会損失を事前に抑える(＝予防)，さらには将来の売上増という貢献を獲得するというリターンを得るために，現時点で品質管理／TQMの活動に必要な経営資源を投入することになりますから，品質管理／TQMは“投資”としての性格をもち合わせていると理解すべきです．

そして，“投資”判断を行う経営者は，品質管理／TQMの効果をいたずらに性急に求めすぎる行動は慎むべきであり，

- 活動とそれにより得られる効果の間には時間的ズレがある．
- “投資”によるリターンとして得られる効果は，上記で述べたように潜在的な機会損失を含めた予防の効果であり，定量的評価が難しい．

• 投資なのだから，必ずしも将来において効果が得られるとは限らず不確実性がある．

ということを理解したうえで，品質への投資の効果について経営者としての高い見識・深い洞察力によって見極めることが求められると思います．まさに経営者の力量が問われているといってもよいでしょう．

経営・事業における品質管理 / TQM の位置づけ

ここまで考察を進めると，経営・事業と品質の関係は非常に近いところにあるのではないかと思う方も少なくないかと思います．実はそのとおりです．

経営・事業とは，顧客のニーズを満たす製品やサービスを提供し，それによって妥当な対価を顧客から受け取り，それを原資にして将来にわたって顧客ニーズを満たす製品・サービスを提供し続けることです．そして，これらの活動によって社会における自社の存在意義を示し，その証左として持続的成功を成し遂げると捉えることが可能です．

もちろん，経営・事業においては製品・サービスの直接の受け手である顧客のみならず，社会，供給者，従業員，株主や投資家などその他の利害関係者への配慮も必要不可欠です．最近は ESG や SDGs などのように，ガバナンス・企業統治や世界の持続可能性に関する期待やニーズをも満たすことが求められています．

それに対して，「品質」も顧客のみならず，「顧客を含めたすべての利害関係者の要求(事項)や期待を満たしているか(合致している)の程度」と捉えることが通常であり，言い換えれば「製品やサービスを通じて提供する価値に対する顧客やその他の利害関係者による評価の結果」ともいえ，高品質を追究することは“顧客価値”とか“社会的価値”を提供することであると理解できます．また「管理」においても同様で，顧客価値や社会的価値双方の提供に関わるすべての活動を効率的，継続的に達成することになるわけです．

以上のことから，品質や管理の根源的，本質的な意味とその目的から照らせば，品質は経営・事業そのものである，または少なくとも経営・事業の中核に据えるべき極めて重要な事柄であるといえるでしょう．

最後に

ここまで述べたように，品質管理／TQMは経営・事業そのものであり，財務基盤・利益の源泉であるので，本誤解テーマの「品質管理をやっても儲かりません」という言葉を聞くと，それは経営そのものがうまく行っておらず儲かっていないということであるか，品質管理／TQMの本質を理解していないため経営に貢献できるよう十分に活用できておらず，結果として経営がうまくいっていないことを意味しているように思えてしまい，大変残念な気持ちになってしまいます．このような誤解がなくなることを願ってやみません．

誤解 13

品質？　もうとっくに価格勝負の時代なんだよ

価格がすべて？

「20 世紀後半は品質の時代，21 世紀は脱品質，超品質の時代」というような見解が 1990 年代半ば以降から囁かれ，また指摘されてきました．こうした指摘の背景には，品質がよくても売れない，すなわち品質が差別化要因，競争優位要因とならず，「安くなければ売れない」との思いがあるようです．確かに，技術が進歩し，多数の参入があり，競争が激化してくると低価格競争に陥ってしまい，価格が勝負だといいたくなる気持ちもわかります．

企画・開発部門は，製品・サービスの魅力，機能・性能などの品質面で差別化を図ろうと懸命の努力をしますが，競争力に貢献できる，顧客に認めてもらえる製品・サービスの価値として，価格以外に適切なものを見い出すことが難しいという現実もあります．

企画会議，営業会議などでは，営業部門による「競合に比べて高いからだ，勝負できる価格を提示できるコスト競争力がないからだ」という敗因分析が大手をふるっているようです．もしかしたら，製品・サービスに内在している価値を顧客に的確に訴求できなかったからかもしれないにもかかわらず，です．

こうした現象や指摘における「品質」とは，主に有形のモノの技術的な特性の素晴らしさのことを意味していて，狭い意味の品質という場合もあります．この狭い意味での品質だけに固執している限り，それは現代の成熟経済社会において顧客が求め期待するものではありえず，むしろ「価格」こそが顧客のニーズ・期待に応えるものであり，競争力の源泉となるとの本誤解のテーマにあるような指摘につながってきます．

そうであるなら，「品質」の意味を拡大・深化させ，真の顧客ニーズに応えるような経営をすればよいではないか，という主張も生まれてきます．でもそれはまさに,「言うは易しく行うは難し」です．まずは，品質とは「製品・サービスを通して顧客に提供しえた“価値”に対する顧客の評価」と認識したうえで，「価格」というものが顧客にとってどのような価値となるのか考察していきます．さらに，価格競争とくると必ず話題になる「コモディティ化」についてどう受け止めるべきか考えてみたいと思います．

製品・サービスの「価格」

まずは，この「誤解」に含まれる用語や表現の意味について検討しておきます．ここでいう「価格」とは，顧客が支払うことになる「入手コスト」を指していると思われます．もちろん，このコストは，製品・サービスの価値に見合うものでなければなりません．したがって，もし，価値が同じような製品・サービスのなかで価格が低いのであれば，そのことは製品・サービスの競争力を左右する側面の一つになるはずです．

ところで，顧客が負担することになるコストは入手価格ばかりではないことに注意しなければなりません．いわゆるライフサイクルコスト，すなわち，製品・サービスを使用・活用・適用し，それを廃棄・停止するまでに必要となるコストについても考慮する必要があります．

例えば耐久消費財の場合には，運用コスト，保守コスト，廃棄コストなどから構成されるコストも重要となり，製品・サービスによっては相当な金額となりえます．耐久消費財の一つである乗用車を考えると，運用コストとしては，燃料(ガソリン，軽油など)，オイルなどの消費に伴うコストがあります．また，借用や設置といった駐車場確保のためのコストもあります．

保守コストとしては，一部は入手価格に含まれていて無償で保守されますが，それ以外についての保全，修理には部品代や工賃などの費用が必要となります．保守コスト軽減のために，事故防止対策，事故被害軽減対策が考慮されていて，これが製品価格に反映されていることもあります．同様に，事故対応コスト低減のために，強制および任意の保険費用も必要です．

乗用車の場合の廃棄コストとしては，通常は下取りによるマイナスのコストがあると考えられます．中古車価格は，ライフサイクルコストに大きな影響を与えますので，何年後にいくらで売れる車であるかは，「価格」という視点では非常に重要となります．

このように，「価格」が製品・サービスを選択する際の重要な要因であると考えるにしても，単なる入手価格を超えて，製品・サービスの使用・利用に必要なすべてのコストを考える必要があります．乗用車の場合，運用コスト，保守コストは，車両価格よりはずっと安いですが，例えば建設機械などでは購入価格に匹敵する保守費用が必要で，鉱山機械であると2倍程度になるとのことです．複写機，スマホなどでは，購入価格を低く抑えて，運用コストで利益を確保するようなビジネスモデルもあるくらいです．

価格こそが競争優位要因？

次に本章の「誤解」に含まれる「価格勝負」というフレーズの意味について考えます．

まずこれは，「安いから強い」，「価格が競争力の源泉」という意味と思われます．上述したように，製品・サービスについて，価格以外のさまざまな特徴・特性がもたらす価値が同等であって価格で勝負できるなら，確かに価格が競争優位の支配要因となり，低コストで開発・生産，サービス提供できることが競争優位要因となります．

そのために，組織運営に関わる内部効率が高く，それゆえに利益を確保できるのであれば問題はありません．すなわち，競合との比較において，高い組織運営効率を維持し続けられる能力という競争優位要因を現実に保有し，それゆえに競合と同等の価格で売り出しても，より多くの利益を維持できるのであればOKということです．

ところが，「競合に比べて高い内部効率を維持できる能力」をもち続けることはそれほど容易ではありません．容易ではありませんが，そのための方法はいくつかあります．要は，「有形・無形の投入リソースに比べて，創出され顧客に提供される価値を高くできる」組織運営能力をどう維持・向上するかです．

その一つは，安価な部品・材料費，安価な人件費，安価な設備・機器類など，カギとなる投入リソースを安く，的確に確保できることです．また，業務の質を上げて手戻り・失敗によるムダなコストを減らし，ICTを活用した定常業務の効率化，特に知的業務の質と効率の向上を図ることなどです．例えば，ニーズ・要求から，企画，設計・開発，調達，製造・サービス提供，品質確認，販売・サービスへとつながっていく品質情報が関係づけられ，どう変換されていくかわかるようになっていることによって，実現仕様を適切なものにすることができ，また変更に対しても適切な対応ができるようになっていることなどです．また，このような技術情報の適切な連鎖が確保できる業務プロセスと知識ベースの構築・運営・改善の仕組みが確立していて，従事者の能力開発・育成の仕組みと相まって少ない要員で効率的な業務の遂行ができるようになっていることなどです．

そうはいっても，このような優位性を，一時的には実現できても，持続的に保有することは容易ではありません．一般に，「価格」のみによる競争は経営体力を激減させ，従業員を疲弊させる愚策となりかねません．それなりの高収益を持続できる根拠がないのであれば，もちろん長くは続けられませんし，したがって投資もできませんから，製品・サービスの魅力を向上することもできません．

むしろ，そもそも価格競争に陥ってしまっているのは，他に魅力・取り柄がないからだ，あるいは他に競争優位となり得る特徴・魅力を見出せないからだ，と考えたほうがよいかもしれません．こうした文脈でよく指摘されるのが「コモディティ化」です．そして，「品質(Q)による競争優位性を高め，それによって高い価格でも売れるようにしてコモディティ化を抑え，競合よりも価格低下を抑える戦略こそが経営の王道ではないか」，などといわれます．

ここでの「品質(Q)」は，冒頭で言及した狭い意味の品質というよりは，製品・サービスの魅力，製品・サービスの競争力につながる特徴・特性の全体像を意味しています．現代品質論でいう「価値」を生み出す特徴・特性です．

製品・サービスの価値を生み出すものはいろいろ考えられますが，少なくとも3つの側面があることには留意しておいたほうがよいでしょう．第一はQ(Quality：品質)で，顧客のニーズ・期待に応えることにつながる製品・サービスの特徴・特性です．第二はP(Price：価格)で，入手価格やライフサイクルコストです．第三は，T(Timing：タイミング)で，入手タイミングや使用中のサービスのタイミングです．要は，いつ，いくらで，何が手に入るかという3つの側面があるということです．

ここで「製品・サービスの価値を生み出すものには少なくともQ，P，Tという3つの側面がある」と，“少なくとも”と述べていることにご注意下さい．その製品・サービスを入手した顧客が感じる価値としては，これらQ，P，Tが生み出す顧客にとっての付加価値があり得ます．B to Bの取引であるなら，顧客のビジネスプロセスにおける付加価値，例えば顧客企業の製品の競争力向上，顧客の設計プロセスの効率向上，製造工程の安定性確保などです．B to Cの商品であるなら，顧客の生活の困りごと解決，豊かな生活，精神的満足感などです．「品質」という用語の意味を「製品・サービスを通して顧客に提供しえた価値に対する顧客の評価」と捉えるなら，「もう品質の時代じゃない，価格勝負だ」とはいえないはずで，それは品質の意味をまったく理解していないことを白状しているようなものです．

現代社会においては，この他にもSDGs (Sustainable Development Goals：

持続可能な開発目標)とか，ESG (Environment, Social and Governance：環境・社会・ガバナンス)などのS (Social：社会性)も問題にされます．

ここまで述べてきたように，製品・サービスの競争力は，基本的には狭義の品質，価格，提供タイミングの総合特性が生み出す顧客が感じる「価値」で決まると考えるべきで，この価値を実現するためにどれほどのコスト・投資を投入すべきか考えるのが製品・サービスの企画や事業企画の要点となります．もし価格のみで勝負しようとするならば，収益構造やビジネスモデルを十分に検討して，他社より収益性が高くなる確たる根拠をもつべき，ということになります．

以上の説明を踏まえて，「品質」と「価格」の関係について改めて整理したのが**図表 13.1** です．

図表 13.1 からわかるとおり，

- (広義の)品質とは，「製品・サービスを通して顧客に提供し得た“価値”に対する顧客の評価」です．すなわち，

  —品質(狭義)：製品・サービスに対するニーズに関連する技術的特性の全

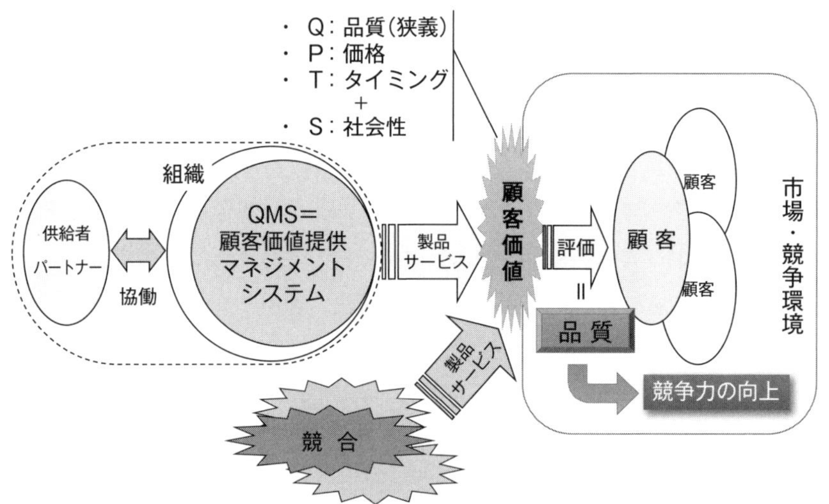

図表 13.1 「品質」と「価格」の関係

体像

—品質(広義)：品質(狭義)＋価格(広義：入手コスト＋使用・運用コスト)＋入手タイミング＋社会性

- 価格は，広義の品質を構成するQ(品質)，P(価格)，T(タイミング)を含む価値の一つの要素です．そして価格は価値を得るために顧客が支払う対価でもあります．
- そして，価値に対する顧客の評価の高さが競合よりも勝っている状況が「競争力がある」ということです．

コモディティ化にどう対応すべきか？

さて次に，価格競争に陥ってしまった製品・サービス群に対していわれる「コモディティ化」について，特に，コモディティ化してしまったら撤退するしか手はないのか，ということについて考えていきます．

「コモディティ(commodity)化」とは，市場参入時には高付加価値をもっていた製品・サービスが，普及段階における後発品との競争の中で，その機能・性能・信頼性などの優位性や特徴・特異性を失い，一般消費財のように定着していくことをいいます．消費者の側から見ると,「どのメーカー，プロバイダーを選んでも大差ない，いつでも手軽に購入できる製品・サービス」がコモディティ化された製品・サービスということになります．

本来，コモディティとは，日用品あるいは，穀物・鉱産資源など国際市場で取引される一般商品のことをいいます．特別な機能はありませんが，市民生活や産業活動に欠かせないため，あるカテゴリーの製品・サービスがコモディティ化されると，提供する企業は安定した需要を見込みやすくなります．しかしながら，価格と物量だけが消費者の判断材料になるため，大量生産による低価格販売を余儀なくされ，高い収益は期待できなくなります．

すでに多くの分野でコモディティ化が進展していますが，とりわけ近年では，インターネットの普及に伴って，IT分野でのコモディティ化が顕著になっています．つい最近まで，時代の先端を行く技術のように思われていたのに，「ITはすでにコモディティ化しており，もはや戦略的価値をもたない」という主張もあります．

実際，パソコンやその周辺機器はもちろん，携帯電話や薄型テレビも，低コストで製造された商品が市場にあふれ，多くの企業が低価格競争を強いられる「コモディティ・ヘル」(コモディティ地獄)と呼ばれる状態に陥っています．こうした状況を打破するために，ブランド戦略やプレミアム戦略など，独自の「脱コモディティ化」を図ることが，企業の最重要課題と指摘する声が多くなっています．

コモディティ化脱却戦略

「脱コモディティ化」について考えるとき，コモディティ状態から脱するために，コモディティ化していない新規事業を見つけようとしたり，“変わった”新製品・新サービスを作ろうとする流れがあるようですが，大企業以外にとってはあまり得策ではないと思います．それは，成功するために多大な投資と高い技術力が必要になるのが普通だからです．むしろ，「コモディティ化しているからこそ，その製品・サービス群が買われている」という側面を忘れないことが重要です．

上述したように，コモディティ化は，市場に流通している製品・サービスが提供者ごとの個性を失い，消費者にとってはどこの製品・サービスを購入しても大差のない状態のことです．“commodity”には「日用品」の他に「必需品」という意味もあって，生活・産業に欠かせないもの，生活・社会・産業にとってなくてはならないものも指しています．すなわち，似たり寄ったりで個性を失って一般化しているというマイナス面と，必要欠くべからざるものというプラス面の，2つの意味があることに注意しておくべきです．

「コモディティ化」によって引き起こされる現象，それは上述したように「価格競争」です．顧客の選択肢は「価格」のみに変わり，提供者同士の価格競争が起こります．すると価格が下がりますので，顧客側からすると買いやすい状態になり，さらにその製品・サービスが広まり，一般層までがその製品・サービスを買うようになっていき，市場はその適正規模まで拡大していきます．市場は拡大しますが，競争が続くことで価格低下が続き，コストを価格低下の幅以上に下げない限り利益が縮小していきます．

コモディティ化が引き起こされる原因の第一は「模倣」です．他社のよいところを真似して取り入れる，ということをほぼすべての会社が行いますので，それによって似たような製品になり，市場の製品のすべてが特徴のない状態になっていきます．第二の原因は「供給過多」です．市場が大きくなれば参入企業も増え，それにより市場に出回る製品・サービスが増え，結果的に購入者よりも供給者のほうが多くなってしまうことになります．

このような現象を知ると，コモディティ化は事業にとって最悪なことのように思えます．でも，本節の最初に記述した「コモディティ化しているからこそ，その製品・サービス群が買われている」ということ，そしてコモディティには「必需品」という意味もあることに思いを巡らせてほしいところです．

コモディティ化した製品・サービスがもつ特徴には,「顧客数の多さ」と「使用頻度の高さ」があります．多数が購入する「大衆品」であり，よく使う「日用品」であるということです．少数派がたまにしか買わない製品・サービス以外については，市場が大きいという点に注目して，ここから少しのシェアを獲得していく，低価格戦略以外のビジネスモデルを考えるのが正論ではないでしょうか．

そもそも，今はごく少数しか買っていませんがいずれ多くの人が買うようになるような，将来期待がもてる成長市場市場というものは,「コモディティ化に向かっている」市場といえます．コモディティ化を毛嫌いするのではなく，このような市場で逞しく生きていける道を探したいものです．

コモディティ化から脱却するには，上述した広義の品質，すなわち「製品・サービスが生み出す価値に対する顧客の評価」の向上によって差別化を図ることが本筋です．しかし，これには多くの資金とノウハウ・技術が必要です．そのような実力をもつ企業は，顧客価値向上による差別化戦略を進めるべきでしょう．

それほどの体力のない企業はどうすべきでしょうか．もちろん「価格競争」に巻き込まれてしまったら将来はありません．重点志向と称して「顧客層の絞り込み」を図るのは得策ではありません．単に顧客数が減るだけです．そもそも，コモディティ化した製品・サービスは多くの顧客層を対象としています．大きな市場という意味での「コモディティ化された市場」を対象にし続けることが重要です．

そのコモディティ化された市場で，他社との“つまらない”競争を止めるべきです．価格競争はもちろん，機能・性能の競争，ブランド競争，付帯サービスの競争など，他社が打ち出してくる差別化競争に巻き込まれないことが重要です．競合他社と一緒になって，「うちはもっとすごい」とか「こんなこともできます」などという，軽薄な競争はやめるべきです．コモディティ品をこねくり回して，“変わった”製品・サービスに見せる努力をしても，それはただ単に自社のターゲット市場を縮小させるだけなのです．

むしろ，「競争がないニーズを見つけること」にこそ努力を注ぐべきです．製品・サービスはコモディティ化していても，対応の仕方によっては，それは問題となりません．水のない砂漠ではごく普通の水が価値あるものになり，深夜にどこにでもある商品を買いたいと思う人がいるからコンビニは成長しました．どこにでもある商品，同じ内容のサービスでも，夜間の買い物需要という砂漠に対応した，ということです．

コモディティでもかまいません．コモディティでないと，市場が小さくなります．誰も一般的に買っていないようなサービスは売れるわけがありません．コモディティになっている製品・サービスについて，今満たされていない需要に対応するからこそ付加価値が生まれるのです．

真・品質経営のすすめ

顧客はどうありたいか，顧客は何をしたいか，顧客はどんなときにどんなものを欲しいのか．こうしたことに応えることが，「顧客価値」の創造であり，提案であり，提供というのであれば，広い視野をもって，ここにこそ焦点をあてるべきです．

品質を「製品・サービスを通して顧客に提供し得た価値に対する顧客の評価」と考えるのであれば，「競争優位のためには品質より価格が重要」という考え方は，大きな誤解と言わざるを得ません．拡大・深化した意味での「品質」による製品・サービスの競争力を高め，それによって価格だけの競争に陥らずに妥当な価格で売れるようにすること，好ましくない意味での「コモディティ化」を抑え，競合よりも価格低下を抑えることができるような戦略こそが経営の王道ではないでしょうか．

次章の誤解 14 では，その「顧客価値」に焦点を当てて，どのように顧客に評価してもらえる価値を特定し，競争環境においてどのように価値の創造・提供をしていくべきなのか説明します．多くのヒントが含まれていますので熟読玩味してください．

誤解 14

わが社の経営方針は顧客価値創造だから，品質管理とは別の手段を考えないとな

顧客価値創造とは

先日，ある会社の経営者の方と話していると，こんな話をされました．

「うちの会社の経営方針は『顧客価値創造』です．今の世の中，品質管理をいくらやっても限界があって，別の手段である顧客価値創造ができなければ，会社はうまく経営できないのです．」

最近は，この「顧客価値創造」という言葉をよく耳にするようになりました．文字どおりに解釈すると，「顧客価値を創り出す」ということですが，この「顧客価値」について，JIS Q 9005：2014 では，「製品・サービスを通して，顧客が認識する価値」と定義されています．

これを少しわかりやすく説明すると，「顧客価値とは，提供された製品・サービスを消費，使用する際にお客様が感じる効用，メリット，有効性のこと」といえます．

どんな企業でも，必ずこの顧客価値を提供することによって事業が成立しているといえましょう．高度経済成長の時代は，消費者は「今まで手にしていなかった新たな機能や効用」をもった良質廉価な工業製品を求め，そしてメーカーはこれに応えるために，「不良やばらつきのない品質と合理的なコスト」という顧客価値を提供すれば，事業は成功する時代でした．

ところがモノがあふれた成熟経済社会になると，ニーズの多様化，高度化，複雑化が起きて，かつての顧客価値は通用せず，顧客層や個客に合わせた価値を創り出していかなければ，成功しにくい時代となったのです．だから，本誤解の前半部分である「うちの経営方針は顧客価値創造だよ」は，確かに，大変によい方針ともいえるでしょう．

品質と品質管理と経営

それでは，本誤解のテーマの後半部分にある「品質管理」のうちの，まずは「品質」とは何かを考えてみましょう．企業は，顧客に製品やサービスを提供して，その対価を得て成り立っています．ここでは，製品やサービスは，顧客ニーズを満たす手段であり，その結果として，どの程度満たされたのかが「品質」であると考えています．これは，言い換えると，品質とは「製品やサービスを通じて提供される価値に対する顧客の評価」，すなわち「顧客価値」そのものということです．

そのように考えると，品質管理とは，顧客価値を提供するためのマネジメントということでもあるのです(**図表 14.1**)．

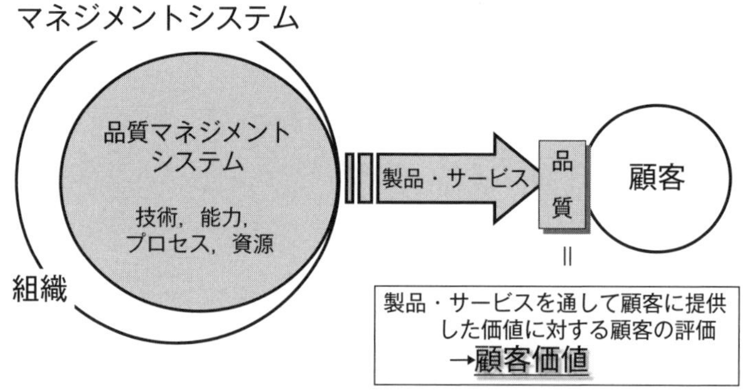

図表 14.1　品質と顧客価値提供マネジメント

また，経営の目的とは，製品・サービスを通して顧客価値を提供し，その対価として得られる利益を原資として，この価値提供の再生産サイクルを回すことにあると考えることができます．そうすると，製品・サービスの品質こそが，経営の直接的な目的と考えることができます．

さて，ここまでお読みになると，もう「うちの経営方針は顧客価値創造だよ」という言葉と，「品質管理とは別の手段を考えないと」という言葉の矛盾にお気づきでしょう．

先の経営者の考える「品質管理」とは，さまざまにある顧客価値のうちの一部であり，かつて高度経済成長時代の代表的な顧客価値であった「不良やばらつきのない品質と合理的なコスト」を実現するための製品の品質管理であるというように非常に狭く捉え，顧客価値創造とまったくの別物として誤解をしていたのです．

顧客価値創造という経営方針を掲げるからこそ，品質管理(顧客価値を提供するためのマネジメント)をしっかりとやらなければいけないのです．

顧客価値提供マネジメント

品質管理の本来の意味，すなわち，「顧客価値を提供するためのマネジメント」では，次の要件を備える必要があります．

1 自社の提供する顧客価値を明らかにする

顧客は，提供する製品やサービスを通じて，いったいどのような価値を認めて製品やサービスを購入してくれているのだろうかということがわかること，これこそがこれから先も買い続けてもらうための出発点です．マネジメントの対象とするこの顧客価値を知らずに，あるいは誤って認識して出発することの危うさは説明する必要はないでしょう．

顧客価値を明らかにするには，次のような自問をするとよいでしょう．顧客に聞いてみるのも一つの方法かもしれません．

Q1　競合組織ではなく，自社の製品を顧客が選んでくれる理由は何か？

Q2　顧客から自社に注文が続けてきている理由は何か？

Q3　顧客とのビジネスを失う可能性のある，避けるべき失敗は何か？

2 価値提供における事業環境，事業構造を明らかにする

自社が顧客価値を提供するためには，自社と顧客の関係だけではなく，それを取り巻く次のようなさまざまな事業者との関係の中で実現していることを考慮しなければなりません．

まずは，同等の価値や代替の価値を提供する「競合組織」があります．そして，自社の製品やサービスに組み込まれる有形または無形の価値を提供する「供給者」や，価値提供に関連する協力者・支援者である「パートナー」の存在もあります．さらには，ディーラー，販売店，商社などの「商流」，そして製品やサービスの移動手段の提供者である「物流」があり，自治体や社会制度などの「環境・基盤」もあります．

これらの関係性について，少なくとも現状を維持するか，それ以上のものとすることが必要です．そのためには，現状の事業環境や事業構造を明らかにしておくことが必要なのです．

3 顧客価値提供のために使える組織の能力・特徴を明らかにする

「能力」とは，広くは価値提供を具現化できる力という意味です．しかし，ここで特に関心があるのは，同様な顧客価値提供を行う競合がいる競争環境において自社が優位に立つために必要な能力，すなわち「競争優位要因」です．

そして，その競争優位要因に強く影響するのが「組織の特徴」なのです．例えば，事業所の立地は特徴の一つでしょうが，ビジネスの形態によってはそれを競争優位要因にできます．これまでの成功・失敗例などから自分自身の特徴を自覚し，これを競争優位のための能力に使えないだろうかと考察することが必要です．この自社のもつ特徴をうまく使った能力は，他社に模倣がされにくいために，より強固な競争優位要因となり得ます．

提供している顧客価値と，これを具現化する能力と，この能力を競争優位にすることのできる特徴の関係の全体，すなわち「組織能力像」を明確にすることが重要です．

 組織能力像を品質マネジメントシステムに実装する

顧客価値を提供する源泉となる能力を，いつでも，どこでも，誰でも，日常的に確実に発揮できるようにすることが「システム化」です．

「能力」というような実体の把握しにくいものにしておかないで，その能力を日常的に発揮できるように業務システムに埋め込むことが重要です．「思いを形に」といってもよいでしょう(**図表 14.2**)．

マネジメントシステムを構成する，どのプロセスあるいはリソースの，どの側面が，もつべき能力を具現化するものであるか分析をして，それらのプロセス，リソースに反映できるようにマネジメントシステムを設計し，体系的に運用できるようにしたいものです．

これをしっかりと行うことにより，将来にわたっても顧客価値を提供できるようになり，事業の「持続的な成功」が可能となるのです．

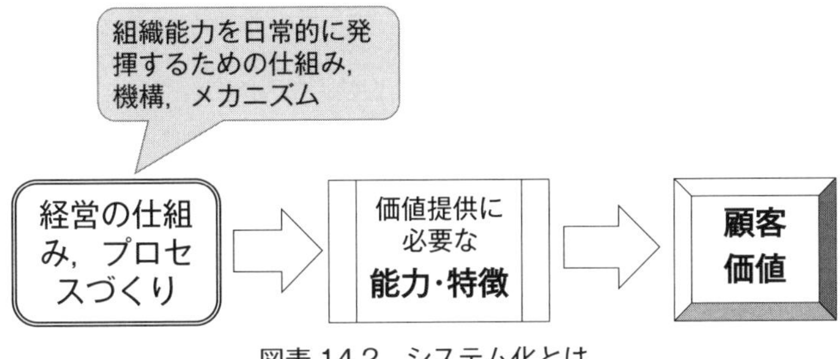

図表 14.2　システム化とは

5 事業環境の変化に応じて，適時適切に対応する

成熟経済社会における変化の特徴は，量的変化は小さいが質的変化が大きく速いことです．このような「変化」への対応において重要なことは，事業環境の変化に応じて自組織を革新し，また自組織を取り巻く状況を自組織にとって住みやすい環境に誘導していくことです．

そのためには，事業環境の変化の様相とその意味を理解し，自組織の特徴を考慮しつつ，変化した事業環境において自組織がもつべき能力を認識し，そしてもつべき能力を具現化するため自己を革新することが必要です．

「変化」に敏感になるためには，その変化の影響する対象をいかに素早く的確に探せるかが重要です．上記❶～❹のような枠組みで，「わが社の顧客価値提供マネジメントはいかにあるべきか」と深く考察すると，顧客価値，能力，特徴と，これを発揮するための事業構造が具体的にされているので，迅速・的確，適時適切に変化に対応することが可能となってきます．

顧客価値提供マネジメントへの取組み事例

前述した「顧客価値提供マネジメント」をより理解しやすくするために，これを実施したA社の事例を説明します．

〈顧客価値創造〉

住宅機器，電気製品などの部品となる板金製品を作る，ある中小企業A社(従業員約80名)は，これまで大手・中堅企業の下請け工場として，事業を営んできました．その会社を承継した2代目社長は，時代の変化とともに下請け企業の限界に気づき，自社オリジナルの特注対応のキッチン・レンジフードを創り出して，下請け企業から脱却することを方針として打ち出しました．その方針としては，大手メーカーとまともに戦っては勝てませんので「特注対応」と特化しました．

自社の特注対応オリジナル製品を作るということは，顧客価値という視

点から見ると，これまでの「不良のない製品を提供する」だけではなく，エンドユーザーに対する「安全であることの安心感」，「においや煙を素早く消してくれる満足感」，「デザインが使用者の感覚にマッチする満足感」などの顧客価値を意識して提供しなければなりません．まさに，A 社にとっての新たな顧客価値の創造だったのです．

幸いにして，強力な協力者も得られ，見事にこの製品の発売に成功し，この事業が軌道に乗りました．

しかし，A 社の社長は，安心できませんでした．お客様は，このまま買い続けてくれるのだろうか？　この変化の急な世の中，来年も大丈夫だろうか？下請け企業の不安定さからは脱出はできたものの，自社製品をもった企業の心配がまた新たに押し寄せてきます．

そもそも，事業の「成功」とは何でしょうか？　一発当てて大儲けをするのではないことは確かです．それは，「顧客価値を提供し続けることによって，顧客から注文を受け続け，適正な利益を確保する」ことです．

そうすると，品質管理とは，実は前述した「顧客価値提供マネジメント」に他ならないと改めて認識できます．A 社の心配は，提供することに成功した新たな顧客価値を，これからも持続するためのマネジメントが確立してはじめて解消するのです．

そんな A 社のその後についての説明を続けます．

〈顧客価値の明確化〉

A 社は，特注対応の自社オリジナルのキッチン・レンジフード製品をもつメーカーに変身を遂げました．変身すると同時に変わったのは A 社が提供する顧客価値でした．A 社の直接のお客様である住宅機器メーカーなどに提供する顧客価値を明らかにしてみると，次のようなものでした．

① 製品の安全や機能・性能に対する信頼・安心感

② 小ロット(たとえ 1 台)でも短納期で納入できる柔軟な生産体制

③ 顧客のきめ細かい要望に対応する寄り添う心

この顧客価値の特定にあたっては，エンドユーザーや，施工業者の求める価値も考慮する必要がありましたが，ここでは，これら直接の顧客である住宅機器メーカーにとっての顧客価値に絞って説明を展開します.

顧客価値が特定されると，次は組織能力・特徴の特定です.

〈組織能力・特徴（組織能力像）の明確化〉

それぞれの顧客価値を提供するために，A社にはどのような組織能力が必要なのか，そのためにどのような組織の特徴を活用するとよいのか，これを見極めると以下のようなものでした.

①の製品に対する安心感・信頼感については，長年の下請け時代に培った固有技術（曲面の加工技術）とよい品質の製品を作り出す品質管理ノウハウが蓄積されており，この特徴がこのまま使えます.

一方，品質保証能力については，大手の住宅機器メーカーが納得するような，製品としてそのライフサイクルや，サプライチェーン全体を体系的に保証することが必要となってきました．A社がこれまでに利用していた全国の修理業者のネットワークの存在という特徴は，A社の競争力に強い味方になります．それでも，顧客の指定する仕様どおりに作っていればよかった元・下請け企業が信頼されるためには，その他にもかなりの努力が必要です.

②の小ロット短納期生産については，製造工程における小ロットでも混乱がなく生産できる能力が必要です．これに対応できる「モノの流れ」と「情報の流れ」の能力が必要です．A社は数年前に生産ラインを，ベルトコンベア方式からセル方式に切り替えてあったので，この特徴を使えます.

③の顧客に寄り添う心については，今まで下請けメーカーではさほど必要のなかった，直接顧客が期待するエンドユーザーの要求事項を把握する能力を強化する必要があります．また，得られた情報を設計に反映する能力も必要であるし，改善をしていくスピードも今まで以上に必要となります.

このように，A社は新たな価値創造に伴って，当然ながら，新たに必要となる能力や，強化しなければならない能力も出てきました．これを支えるシステムがなければ，A 社の社長は永久に安心できません．

A 社が進めたシステム化の取組みの一部を次に紹介します．

〈システム化〉

①については，当社の固有技術や品質管理ノウハウが失われないために，技術や技能，ノウハウの伝承の仕組みを強化しました．これらをできるだけ可視化して関係者が共有できるようにすることと，可視化が難しいものは，これを伝承する「場」をもつような取組みを進めました．

②については，セル生産方式を維持しながら，この効果を最大に発揮できるために，工場内の進捗の状況がリアルに共有化できるように生産情報システムをバージョンアップしました．また従来のコンベア方式からセル方式に変わったことで，生産に関わる要員の力量ニーズががらりと変わり，多能工を計画的に養成する仕組みを作り，これを推進しました．

③については，全国をカバーしている修理ネットのパートナーとの連携を再構築して，顧客や建築現場の生の声が設計にはいるシステムを強化しました．また，これまで進めていた地道な改善活動を続けるとともに，改善テーマの重要度に応じてタスクチームを結成したり，しっかりした進捗管理をして確実に再発防止・未然防止ができるようにもしました．

A 社の社長の心配は，このように，顧客価値を提供する能力が継続して発揮できるようにシステム化されてはじめて和らいでくるのです．

これまでの A 社の事例説明を，少し補足しながら，**図表 14.3** にまとめました．この図の上のほうでは，A 社の提供する顧客価値と，これを生み出す組織能力と特徴が明らかにされています．そして，下のほうでは，この組織能力がどのプロセスのどんな能力で支えられているのか明らかにされています．なお，①②③の数字は，すべて顧客価値の番号と対応させてあります．プロセスはメインプロセスとサポートプロセスに分けてあり，さらにその関係を矢印で表しています．システム化とは，展開されたこれらの組織能力を日常的に発揮するための「仕組み」,「体制」,「機構」,「メカニズム」などが構築されることであり,ここが肝心なところでもあります.前述の「システム化」では,この図の中からの一部の例を紹介しました.

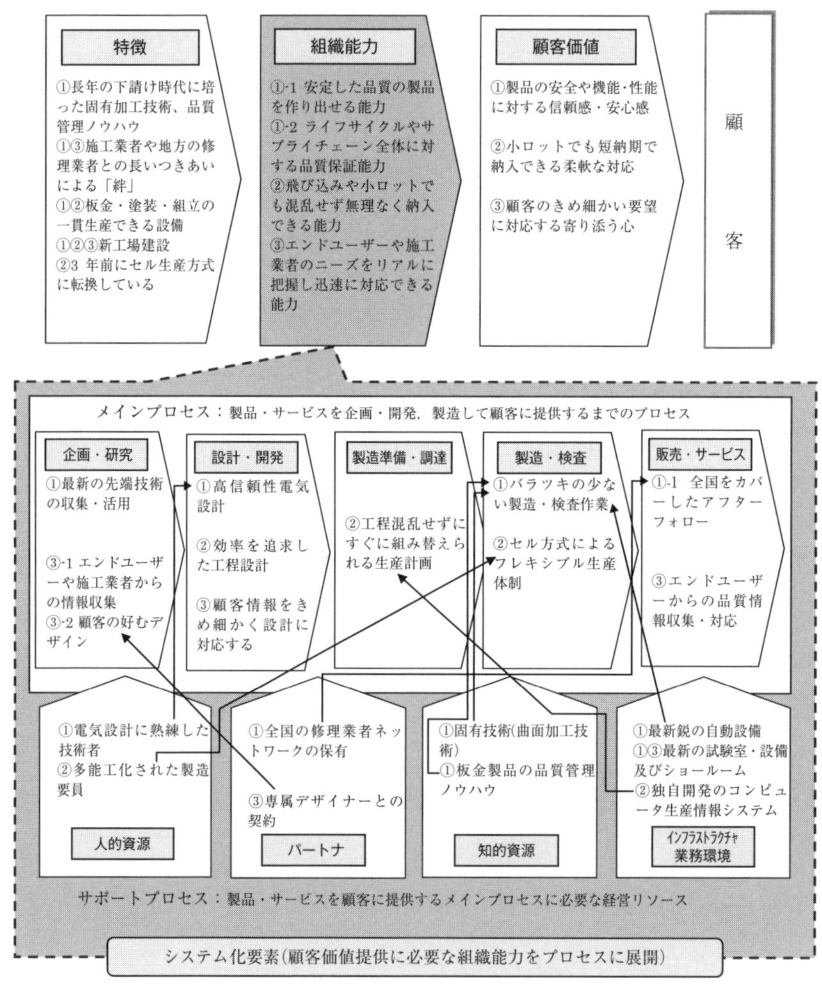

図表 14.3　A 社の事例のまとめ

変化への対応

これまでのA社の事例は，経営者が自社を取り巻く経営環境の変化を感じ取り，この変化に対応するために戦略を転換して，その事業の成功を確実にするための取組みでした．

そして，一旦は成功したものの，この成功の持続性に懸念を抱き，顧客価値マネジメントを導入して，成功の柱となる顧客価値を提供し続けるための「システム化」を進めて行ったのでした．

しかしながら，「変化」はこれで終わりではありません．次から次へと来て，これからも事業を続ける限り永遠に対応しなければなりません．その時に，素早く，的確に対応できるためにも，この顧客価値マネジメントが必要なのです．

すなわち，顧客価値マネジメントにより自社の提供する顧客価値と，この源泉となる組織能力・特徴とこれを支える事業構造がわかっていると，起きた変化に敏感になり，これらのどこに影響するのかがわかりやすくなるからなのです．この組織能力像を認識することができたA社は，これからは，外部および内部で起きた変化に対して，素早く，的確に対応できる仕組みをもち，他社よりも一歩優位に立ったのです．

まとめ

本誤解では，わかりやすく説明するために，自社を取り巻く経営環境の変化に対応して，新たな事業展開をした事例を紹介しました．

しかしながら，ここで説明したかったのは，変化への対応には，必ず新たな顧客価値を創造しなければいけないとか，顧客価値創造には必ず新事業展開や新製品開発がつきものであるということではありません．もしもそのように考えているとしたら，それはもう1つの誤解ともいえましょう．

顧客価値提供マネジメントにおいては，まずは，今提供している自社の顧客価値を“再認識”あるいは“再発見”し，必要に応じて「新たな顧客価値」を生み出して，これを顧客に提供していく活動全体を「顧客価値創造」と考えるとよいでしょう．

そして，いずれの場合でも重要なのは，事業環境の「変化」に応じて自組織を「革新」して行く姿勢です．「革新」とは，「組織がもつべき能力を具現化するために，既存の枠組みの一部またはすべてを否定し新しい枠組みを生み出すことによって，自己を革新する」ことなのです．

誤解 15

品質不祥事やコンプライアンス違反はTQMと関係ないんですよね？

2017年の秋口に，神戸製鋼，日産自動車の品質不祥事が大々的に報道されました．それをきっかけに我が国を代表するような会社を含めて品質不祥事が次々と露見しました．それらは社会問題として取り上げられ，1年以上にわたりメディアの報道を賑わせました．不祥事報道も落ち着いてきたと思っていた2021年7月，今度は三菱電機が鉄道車両機器(空調装置，ブレーキコンプレッサー)の検査不正を35年にもわたって行っていたことが報道され，社長が引責辞任する事態が発生しました．

本誤解のテーマの本質は，「TQMの実践が不祥事などの防止に貢献できるか」という問いかけです．この問いに対して，品質不祥事の事例から要因の分析，発生メカニズムの解明，そして日本型品質保証の進化の背景や私の実体験などを交えて多角的に考察します．

品質不祥事との関わり

私は，2000年の自動車メーカーのリコール隠し事件において不祥事を起こした会社の状況に接する機会があり，その後も自動車産業の不祥事についての分析，研究から自動車業界でコンプライアンスに関するコンサルティングを行ってきました． また，JAB(日本適合性認定協会)において認証制度における不祥事対応という側面で複数の会社の事実を垣間見る機会があり，それらから不祥事を起こす会社には共通した傾向があることに気づきました．そのような経験から，超ISO企業研究会のメルマガシリーズ「昨今の品質不祥事問題を読み解く」(2018年)では，「品質不祥事を斬る」と「自動車産業と品質不祥事」を発信させていただきました．

また，2019年および2020年の第7回・第8回JABマネジメントシステムシンポジウムにおいて，「不祥事事例に対する認証制度における対応方法の提言」(2019)および「ISO 9001：2015で不祥事を予防する」(2020)というテーマのWGメンバーとして参画し，品質不祥事の分析と研究を行いました．これらのシンポジウムでは多くの参加者の注目を集め，ISO認証制度の中でも不祥事のインパクトが大きいことを実感しました．

品質不祥事のバリエーション

わが国において，企業不祥事の報道が目立ち始めたのは，20年ほど前からです(**図表15.1**)．それ以前も，大事件は報道されることはありましたが，社

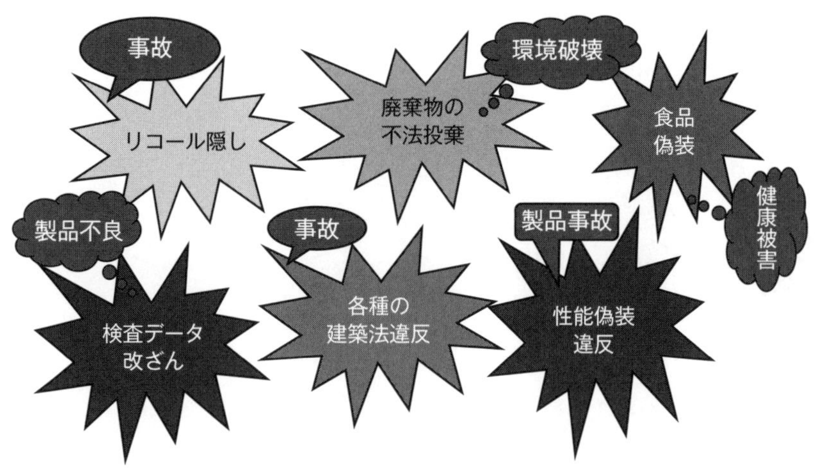

図表15.1　2000年以降に発生した悪質な不祥事

会的な問題として世間を騒がせた自動車リコール隠し，食品偽装，建物耐震偽装などの代表例が，社会問題として注目されだした始まりでしょうか．

重大品質問題を含め不祥事を起こした企業は，自動車，電機，建設，食品，鉄鋼，金属，ゴム，石油など，程度の差こそあれ，JAPAN Quality の世界的な評価を得ていた代表的な日本企業が少なくありません．ISO 認証を受けた大手や中堅企業も多く含まれています．

不祥事は日本国内だけの問題でなく，自動車関連ではフォルクスワーゲンの排ガス不正，GM のイグニッション安全欠陥などの巨額賠償事例も日本で大きく報道されました．そのような背景から ISO の世界でも IAF（国際認定フォーラム）が企業不祥事に対する MD（認証機関に対する義務文書）の制定が行われました．

改めて，不祥事とはどういうものかを考えていきます．不祥事とは，ざっくり言って社会的・道義的責任に違反するもので，メディアで不祥事として取り上げている事象は，粉飾決算，脱税など財務的な不正，製品安全欠陥，虚偽表示（不正競争防止法），下請け法，独禁法など，多くは法規制違反などのコンプライアンスに関する事象です．最近では，顧客データ流出，モラルハザード（セクハラ，パワハラ，…），従業員残業代不払いなど，広範な領域にわたっています．また，政府機関（省庁，官庁），公的機関などにおける不祥事（年金機構，記録廃棄，ゆうちょ保険など）の発生も少なくありません．

ちなみに，ISO 9000 に「不祥事」の定義はありませんが，QMS セクター規格の JIS Q 9100：2016「品質マネジメントシステム航空，宇宙及び防衛分野の組織に対する要求事項」の補足事項である航空宇宙業界規格 SJAC 9068A では，「組織の品質マネジメントシステムに係る活動において，組織の社会的信頼を損なわせるような出来事（例えば，記録のねつ造や改ざんなど）」と定めています．

また，自動車セクター規格の IATF 16949 では，箇条 5.1「リーダーシップ及びコミットメント」において企業責任（Corporate responsibility）の方針と適用が要求されています．

本章で取り上げる不祥事やコンプライアンスは，TQM との接点から，特に品質に関する不祥事(以下，品質不祥事)を主体として展開していきたいと思います．

品質不祥事やコンプライアンス違反は TQM とは関係ない？

本誤解を解くため，品質不祥事の要因分析や発生メカニズムの話に入る前に，TQM の概念の中で，この誤解に最も関連すると考えられる項目を以下に挙げておきます．

① 顧客志向(＝外的基準で評価，外向き，目的志向，社会価値重視)

② システム・プロセスの最適化・標準化による業務の質保証

③ 業務従事者の質(品質意識，意欲，知識，スキル)重視

④ 改善・革新などを特徴とする組織運営スタイル

これらが不祥事やコンプライアンス違反防止に間接的に貢献できる要素と考えるからです．なお，TQM における詳細については，本章の後半で述べますが，先に読んでいただいてもよいと思います．

また，TQM に至る日本型品質保証の進化の背景も，この誤解に影響していると思われます．すなわち，QC → TQC → TQM の進化過程という意味ですが，企業側で体験した「生き証人」として，私自身の経験もご紹介したいと思います．

1 誤解の背景：現場志向の品質管理が主体の QC 時代

日本の品質保証の歴史的推移を知ることは，不祥事と TQM の関係を読み解くヒントになると考え，自らが経験してきたことを少しお話します．

私は 1970 年初に自動車メーカーに就職し品質部門に配属されました．当時は自動車王国のアメリカへの本格的な輸出が始まった時期で日本の高度成長期であり日々の業務は活気にあふれていました．

品質部門における最初の経験は，品質管理(QC)教育でした．当時，製造会社では品質管理に関する教育訓練が盛んに行われており，日科技連の教育プログラムに基づいた各種の品質教育と現場の QC サークル活動が主体となっていました．

QC 活動は現場が主体であり品質教育も現業部門が対象で，間接部門の営業，総務，経理，サービス部門などの社員は品質教育の対象になっていませんでしたが，それが普通でありまったく疑問はありませんでした．

品質は製品が対象であり検査や製造プロセスの中で不良品を作らないという現場志向で，QC 七つ道具や統計的手法の活用などの品質管理手法でした．これらの日本の品質管理手法は 1980 年代に技術提携した英国自動車メーカーへの品質改善活動(責任者として従事)でも大きな成果を上げました．

「品質は現場で作られる」という考え方に加え，JAPAN Quality が世界的評価を確立した自信から，QC の時代は，法令遵守を始めとするコンプライアンスは品質とは別領域であると考えていました．この時代では日本人の美徳である「正直，規則を守る，偽らない」という国民性から，不祥事の類は品質以前の倫理的問題と考えられていたのだと思います．

2　誤解の背景：ISO 9001 QMS への取組み

ISO 9000 シリーズが 1987 年に制定され，1991 年に JIS Q 9000 になったときにも，自動車業界では，画一的な文書・記録に偏ったシステムは，余計な仕事を作るだけで品質改善では何の役にも立たない，という批判がありました(当時，自動車工業会の品質部会メンバーとして体験した事実です)．

2000 年の ISO 9001 大改訂に至るまでの約 10 年は，企業はもっぱら文書・記録主義の ISO 認証登録に走りました． その結果，2000 年改訂で「品質保証の品質システム」から「品質マネジメントシステム(QMS)」になり，品質マネジメントの 8 原則，顧客重視，プロセスアプローチの導入，継続的改善という TQM の血を引く要素が加わったにもかかわらず，TQM をベースとする

QMSへの切り替えが滞ったと考えています．また，この時代の背景（次節❸の「過去30年の日本の特有な状況」参照）もあり，ISO 9001は経営とは別次元の規格という認識が経営層に染みついていたのでは，と推測しています．

その後の2015年改訂では，QMSは事業プロセスとの統合化が図られTQMの概念を内蔵した規格になったのですが，依然としてQMSが経営ツールという認識は薄く，認証審査や内部監査においてもコンプライアンスという側面へのアプローチも，一部のQMSセクター規格（前述の航空宇宙や自動車）を除いては弱く，外的プレッシャーがなかったことも誤解の遠因になっていると思われます．

3 誤解の背景：まとめ

前述したような歴史的背景もあり，コンプライアンス問題はルール不遵守，品質不祥事は意図した品質関連不正であって，「品質のよい製品・サービスの提供のための基本的考え方や方法論を有機的に適用しようというTQM」とは焦点をあてている領域・分野が異なっていると考えていた，という背景がわかります．

ここで，事業モデルとISO 9001のQMSモデルとの関係を**図表15.2**に概念的に示します．図の中央にある楕円がISO 9001のQMSモデルであり，製品・サービスの実現プロセス結果である製品・サービスを顧客に提供しています．右側にある経営資源についてはある程度QMSの中に取り込まれていますが，左側にある「健全性」と「運営能力」は一般的にQMSの適用範囲には取り込まれていません．

企業の「健全性」を，倫理，コンプライアンス，財務という側面で考えれば，これらが企業責任（Corporate responsibility）の根幹であり，企業経営にとって最も重要な部分にもかかわらず，不祥事を起こした会社の多くは，この「健全性」に問題があったのです．

QMS，すなわち品質のためのマネジメントシステムの範囲についての一般

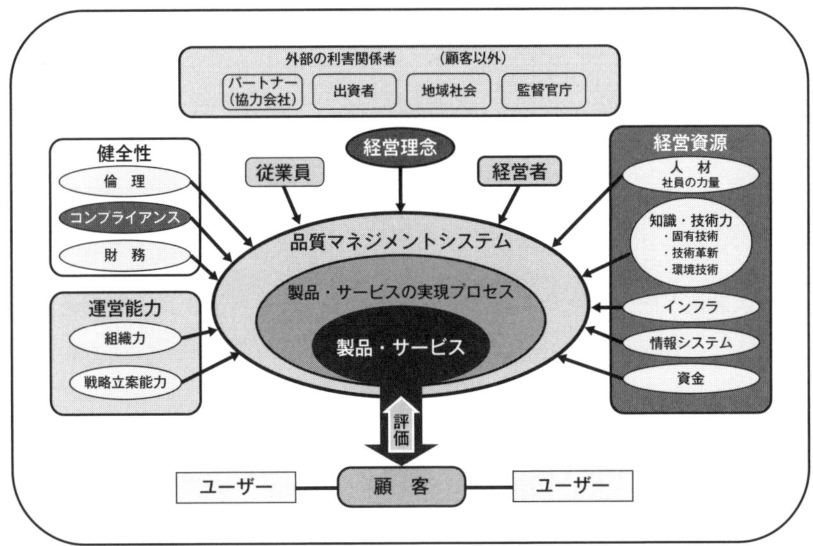

図表 15.2　事業プロセスと QMS との関係

的な理解を整理すると，TQM においてもコンプライアンスが十分に扱われていなかった理由は，以下に示す考え方があったからだと推測できます．

① TQM は品質に関係する活動であり，コンプライアンスはそれ以前の問題として直接的には関係しないとの考え方
② TQM は品質目標達成のための全組織的活動であり，コンプライアンスはとにかくルールを守る活動との考え方
③ TQM は性善説に基づく組織マネジメントを前提としており，不祥事は悪意が関連するとの考え方
④ TQM をベースとする QMS においてもコンプライアンスを適用範囲として特定しなくてもよいという考え方

品質不祥事やコンプライアンス違反の要因と発生メカニズム

ここでは，品質不祥事の事例の分析から発生メカニズムについて述べていき

ます.

 品質不祥事によるリスク

品質不祥事を，そのリスク度合いから大きく分類すれば次のようになります.

① 最悪質ケース：人命，身体損傷を起こす恐れがある製品安全欠陥を隠蔽するケース．典型が「リコール隠し」，事例としてトラックのタイヤ外れによる死亡事故，食品健康被害，建物倒壊など.

② 次の悪質ケース：虚偽の表示や宣伝で社会(消費者)を欺くケース．例えば自動車燃費の偽装，食品不正表示，JIS 適合違反など.

③ コンプライアンスの問題であるが実害に至っていないケース：法的な安全基準不適合には至らないまでも顧客と合意された基準を守っていないケース．顧客報告品質データ(記録)の改ざん，試験をしないでデータ捏造など.

④ 顧客を欺くケース：実被害はないが法規制へ抵触するケース(広義な意味で軽微な法違反なども含む).

2 最近の品質不祥事の傾向

品質不祥事に関するマスコミ報道では，大半のケースが「製造現場で行われていた不正を本社が知らなかった」，「本社と工場とのコミュニケーションが欠如していた」，「経営陣が製造現場の状況を理解していなかったことが根本原因であった」などと伝えていました.

最近の品質不祥事は，顧客と合意された基準が守られてない，法規制への抵触などコンプライアンスに関するもので深刻な製品安全欠陥で大々的な製品回収(リコール)に至るケースは少なく，品質不祥事の大半は,

- 検査データを改ざん，ねつ造している.

• 検査や要求されているテストを実施していない.
• 検査やテストを要求された手順どおりに実施していない.

であることが判明しています.

コンプライアンスに対して ISO 9001 QMS の要求事項を引用すれば「顧客要求事項及び適用される法令・規制要求事項を満たした製品及びサービスを一貫して提供する」ことが，会社内で共有されていなかったことも一因となっています．不祥事やコンプライアンス違反は顧客，社会に対する裏切り行為であり，信用失墜，社会的な糾弾により，顧客離れ，売上の減少，その結果経営陣の退陣など会社の経営に大きな禍根を残す結果になっています．品質不祥事が経営リスクの重要な要因となることは間違いない事実です.

3　過去 30 年における日本の特有な状況

品質不祥事を起こした大企業は，いつからそんな状況になってしまったのかを考えると，1990 年代初頭のバブル崩壊後の「失われた 10 年」，そして 1997 年の緊縮財政を挟んで 2000 年代半ばあたりからの金融と不良債権問題から始まった長期デフレ期，いわゆる「失われた 20 年」で，我が国の経済活力が低下し，公共投資，企業の設備投資，人材投資などが停滞したことが，間接的な要因となって組織のガバナンスの劣化を招いたのではないかと推測します.

自動車産業でいえば，かつての日本の業界構造は，カーメーカーを中心に系列で構成されていました．利害の一致から利益分配，教育訓練，人事交流などの強い連携を武器に，合理的なコストで高品質な製品を提供できたので世界的な優位性を築きました．ところが世界の自動車産業界において中国の台頭，カーメーカー，部品メーカーのグローバル展開が拡大したこと，加えて日本のバブル崩壊，デフレ影響で部品メーカーは日本のカーメーカー相手だけでは生き残れない状況となりました．そしてデフレ期では多くの中小企業は姿を消しました(ちなみに，カルロス・ゴーン氏が日産の社長になったのは 1999 年です．その後，日産では大リストラが始まりました).

この時代の状況は自動車産業に限りません．我が国の多くの企業は，これでもか，これでもかというコスト削減を行わなければ生き残れない時代になってきました．このような状況から，資源の合理化(リストラ，人材投資減，設備投資減など)が行われてきたのです．私は，これが日本の企業の健全な発展の妨げになったのではないかと考えています．

このような変化の中で，特に人的資源の劣化が悪影響を与えているように思えてなりません．その結果で生じたことは，人材育成の低迷，階層間，部門間におけるコミュニケーション不足による意思疎通の低下，ベテラン社員のリストラなどによる悪影響です．

このような中で利益最優先に偏った，一方的なトップダウンだけがまかり通る状況を作り出したのではないか，と私は推測しています．

4 不正の発生メカニズム

特定の個人が悪意をもって行う犯罪的な不正も稀にはありますが，本章では組織ぐるみで行った不正事例の分析を紹介します．

JAB マネジメントシステムシンポジウム「不祥事事例に対する認証制度における対応方法の提言」(2019)での研究活動について少し触れておきます．

WG のメンバーは 11 名で認証機関，研修機関，認定機関，コンサルタント，業界団体の方で編成されました． WG 研究テーマ選定理由は次の 5 点としました．

- ここ数年，企業による品質不祥事が多く発生している．
- 日本企業の品質の信頼が揺らいでいる．
- 不祥事を起こした組織が ISO の認証を取得している．
- ISO 認証の信頼性が揺らいでいる．
- 世界でも同様な事例はあり，IAF でも議論が始まっている．

品質不祥事で公表された会社(マスコミ報道になっていないものを含め)を洗い出し，公に入手できる情報を収集し，それらを調査，分析しました．個々の

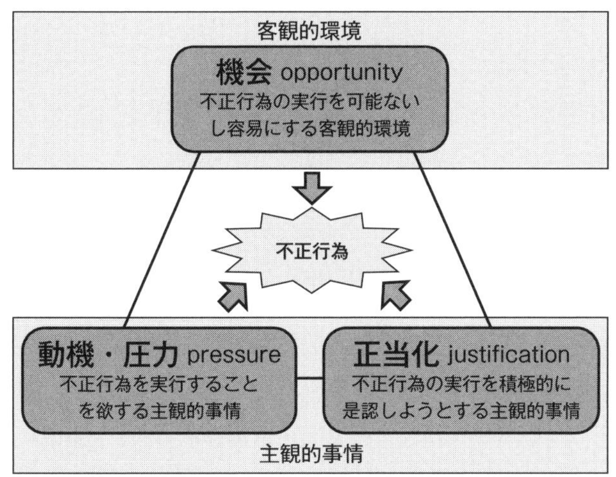

出典）　八田進二監修，株式会社ディー・クエスト，一般社団法人日本公認不正検査士協会編：『事例でみる企業不正の理論と対応』，同文舘出版，図表 4.3，2011.

図表 15.3　不正のトライアングル

会社における要因の分析結果から，典型的な 10 社の事例を選び，米国の犯罪学者 D.R. クレッシーの「不正のトライアングル」理論を用いて分析しました．

図表 15.3 に示したとおり，「不正のトライアングル」は，1) 動機・圧力，2) 正当化，3) 機会の 3 要素がすべてそろったときに不正が発生する，と考えるモデルです．以下に，不正のトライアングルの要素ごとに分析結果を示します．

1)　動機・圧力

動機・圧力とは，不正行為を実行しようとするきっかけになる事象のことです．前述した JAB マネジメントシステムシンポジウムの WG 活動で事例を分析した結果，以下のような動機・圧力が判明しました．

- 品質管理よりも製造，営業が優先されるという側面があった．
- 品質保証を軽視した過度な納期遵守の姿勢があった．
- 売上至上主義に基づく収益重視に偏った経営であった（経営者は厳しい売上目標（必達目標）を設定し組織内に指示していた）．

- 個人的怠慢を把握，管理する体制がなかった．
- 検査業務に対するリソースが不足していた．
- 不正が常態化していた(人手不足による間引きの慣例化など)．
- 工程能力に見合わない顧客仕様に基づいて製品を受注・製造していた．
- 技術的議論が不十分なままで基準を設定していた(必要な時間と手間がかかるため / ラインの遅滞 / 仕掛品が滞留するため)．
- 「できない」と言えない風土であった．

2) 正当化

正当化は，不正行為の実行を積極的に是認しようとするため，都合のよい理由をこじつけるということです．前項同様に事例を分析した結果，以下のようなことが判明しました．

- 売上を伸ばすことが株主の期待である．
- 売上目標，出荷目標とのつじつまを合わせることが会社のためである．
- 検査が失敗していると認識しても問題にはならない程度である．
- 今までの各検査員の技術的，経験的な考慮でうまく行っている(間引きしても問題にはならない)．
- 自社製品の品質は市場で問題にはなっていない(品質の信頼性に関わる試験データは軽視しても問題にならない)．
- 今までと従業員のコンプライアンス，品質管理の意識は変わっていない．
- 役職員のコンプライアンス意識が低い(ので隠してもよい)．
- 経営陣および本部の幹部は現場に対する関心が低い(ので隠してもよい)．
- 従来からやっていたがこれまでクレームはなかった．

3) 機会

機会は，不正行為を行おうとすればいつでもできる環境が存在する状態のことです．前項同様に事例を分析した結果，以下のようなことが判明しました．

- 有効な監視機能がなかった．
- 不適切行為ができる環境であった(データの手入力を要する部分が多い)．
- 権限者以外の過去データへのアクセスが可能であった．

- 閉鎖的なスペースで実施されていた．
- 経営レベルのチェック機能がなかった．
- 内部統制の仕組みが十分でなかった / 内部監査が機能していなかった．
- 人事が固定化していた．
- 品質保証部・課の地位が低かった．
- 品質管理・保証部門の独立性が低かった．
- 品質に関わる設備投資が十分されていなかった．
- 人的リソースが不足していた．
- 現場と管理者層に距離があった．

5 ISO 認証審査における不正事例

製品・サービス実現のプロセスにおいて，基準(法規制で定められたあるいは顧客と合意した基準など)が守られてないという事象は，誰にでもわかる初歩的な内容であり，ISO 9001 でいえば「不適合」として特定されるものです．

この「不正のトライアングル」で分析した品質不祥事を行った会社の多くは ISO 9001 の認証を取得しており，不正の発覚により ISO 認証の取り消しや一時停止の処置がとられました．その一例として，ISO 認証審査における不正事例をお話します．

〈事例 1〉

ある組織の過去の ISO 9001 審査では，審査員が不適合としていた事例(後で品質不祥事の主因であると判明)がありましたが，それに対する組織の是正は，その根本原因ではなく固有事象のみに対する是正処置回答だったのですが，それで容認されていました．その後の審査で，審査員はその不適合が再発していることを検出したことから審査工数の増加を提案しましたが，組織から審査員忌避を含む強い抵抗があり，受け入れられませんでした．

そのときの審査は不正を疑っての審査アプローチによるものではな

かったと思われますが，品質不祥事発覚後の組織の発表で，その不適合事象が複数部門にわたる組織ぐるみの不正であったことが明白になりました．そしてその不正は以前から日常的に行われていたこともわかりました．これは一部門や担当者個人の過失や違反でなく，組織内に不正行動をとらなければならなかった状況が存在していたことが深層の要因となっており，「不正のトライアングル」で説明がつく事例でした．

6 不正のトライアングル理論に基づいた分析で判明した要因に対する対応策

不正の発生メカニズムで明らかになった事実から，根本的な原因は何なのかを考えた場合，一番先に「動機，圧力」があります．その後に不正を実行する言い訳づくり(「正当化」)が来て，これら2つが主観的事情ということです．そして実行できる環境(「機会」)という客観的環境が加わって不正のトライアングルが形成されます．

前述のトライアングルの分析結果から，それらに対する再発防止を考えた結果，以下の対応策が挙がりました．

1） 動機・圧力への対応策

- 検査員による検査業務以外の業務負担の軽減
- 品質管理に対する設備投資方針の見直し
- 新規受注の際の承認プロセスの見直し
- 売上・利益を過度に重視した経営から，品質の信頼性を重視する経営へ
- 工程能力の把握と活用
- 開発プロセスの見直し

2） 正当化への対応策

- 業務フローの改善
- プロセスアプローチの徹底，プロセスアプローチに基づく改善(プロセスの目的，目的の達成に向けた改善)

- 検査項目の見直しと顧客との協議
- 社内教育の実施，意識改革，ユーザー目線の再認識
- コンプライアンス・品質保証教育の推進
- 教育体系の整備，品質保証を担う人材の計画的育成
- 経営方針の策定
- 品質憲章の制定
- 品質保証に対する経営陣の意識改革
- 継続的なトップメッセージの発信
- 意識改革につながる目的志向の教育；強い自覚と誇りの醸成

3)　機会への対応策

- 管理体制を強化する
- 人為的な操作を介在させない検査・入力システムの導入
- 承認プロセスを見直す
- 監査の強化を図る
- 極端な権限集中が起こらないよう要員を配置する
- 現場で作業する人員がチームワークを発揮できる体制を構築
- 各種社内会議の場で定期的に報告を求めるなど，すべての社員が，他の組織の人の目に触れる機会を増やすような仕組み

上に挙げた対応策の中で「人為的な操作を介在させない検査・入力システムの導入」(記録の改ざん防止)は，手書きからデータ処理ハード，ソフトで対応すると表明している会社もありますが，不祥事の中で，記録変更を可能にするソフトで意図的に不正を行っていた会社があることもわかっています．

個々の対策案の多くは，組織全体の仕組みを変える必要があることがわかります．さらに企業体質までも改革しなければならないものもあります．これらは，冒頭で述べた 4 つの TQM の特徴，すなわち「①顧客志向(＝外的基準で評価，外向き，目的志向，社会価値重視)」は特に動機・圧力に見られるような内部事情を客観的に正しく評価する経営姿勢，「②システム・プロセスの最適化・標準化による業務の質保証」は正当化にあるような仕組みの改革，「③

業務従事者の質(品質意識，意欲，知識，スキル)重視」は正当化に加えて機会に挙げた環境整備，「④改善・革新などを特徴とする組織運営スタイル」はトップマネジメントのリーダーシップの社員への見える化，共有化など，具体的には，TQM の基本的考え方から導かれるような TQM の方法論であり，行動原理です．

- 品質意識からくる使命感，倫理感，正義感
- 正しい業務に誘導するまともな業務プロセス
- 正しい業務を実施するまともな人材の育成
- まともな目的達成行動(PDCA)
  —目的の理解と共有
  —合理的な目標
  —合理的な達成手段，方法の共有
  —適時適切な確認，監視，情報共有
  —不備・脆弱性の改善・革新
- 事実に基づく科学的管理，事実の重視，事実の尊重
- 内部コミュニケーション，相互啓発(＋相互牽制)
- 有効な監視システム(内部統制，内部監査)

品質不祥事を起こした会社に共通する傾向

第三者委員会などの調査報告書から，品質不祥事を起こした会社には以下のような共通する傾向があることも浮かび上がってきました．

- 現場の声が経営者に届いていない．
- 部門間および階層間のコミュニケーションが乏しい．
- ヒエラルキー指向が強い→現場作業者の意見，部下の意見が通らない．
- 親会社から子会社へのプレッシャー→無理な目標が与えられる(利益目標，コスト削減目標など)．
- よいニュースしか報告しない→悪いニュースは立場が悪くなるので報告し

ない(忖度).

- トップが過大な目標を与える→目標が達成できないので虚実の数値をでっちあげる.
- トップの目標が“売上アップ”など利益面の目標に偏っている.
- 営業部門が，品質部門および製造部門に対して大きな力をもっていて，無理な計画を強いる.
- 本社と生産現場(工場)の交流が乏しい.
- 品質部門などの直接生産資源となっていない経験豊富な高年齢の社員を軽視し，安易にリストラの対象にする.

これらには，企業風土という側面も大いに関係していると思われました．また，品質不祥事を起こした会社や子会社のいくつかは，突発的に品質不祥事を起こしたのではなく，以前からしばしば問題を起こしていたからです．また品質不祥事の暴露は内部告発が少なくないという実態もわかりました.

トップが指示した目標が，「利益・売上最優先」に偏って設定され，「品質ガバナンス」に係る目標が含まれていないような会社に，品質不祥事が起こりやすいことは容易に想像できました.

TQMの考え方と品質不祥事の関連

1 TQMの基本概念およびISO 9001の品質マネジメントの原則(QMP)

TQMは，品質(Quality)に関連した方針管理，日常管理，品質保証システムなどのマネジメントシステムを基軸として，TQM手法，TQMの運用技術の広い範囲をカバーする経営モデルです．またISO 9001は品質マネジメントシステムモデルの一つとして，TQMの基本概念を反映している，次に示すISO 9001：2015の7つの品質マネジメントの原則(QMP)に基づいています.

1. 顧客重視
2. リーダーシップ

3. 人々の積極的参加
4. プロセスアプローチ
5. 改善
6. 客観的事実に基づく意思決定
7. 関係性管理

これらの品質マネジメントの原則は普遍的な概念であり，事業マネジメントの根幹をなすものです．品質不祥事の抑止に，どの原則が最も関連しているかを考えた場合，それは「2. リーダーシップ」であることは明確でしょう．トップマネジメントの行動は，企業倫理のもとに全社員に目的，めざす方向を示し品質目標達成に参加する状況を作り出すことだと述べていますが，これらの品質マネジメントの原則には，大前提として企業理念，倫理があることを忘れてはなりません．

2 JIS Q 9005：2014「品質マネジメントシステム―持続的成功の指針」

このJIS規格は，本書の編著者である飯塚悦功先生が委員長として主導して作成したもので，2005年に初版が発行され2014年に改訂されています．この規格は，「TQC/TQMを実施してきた日本の優良企業における，ベンチマーク対象となる品質マネジメント」の概念が基礎にあり，また「パフォーマンス向上をめざしたISO 9004を超える品質マネジメントの指針」，と位置づけられています．この規格がTQMを標準化したモデルであることから，今回のテーマであるTQMとの接点を探るうえで，この規格の中にある社会的責任やコンプライアンスに係る部分を抽出しました．

「4.5　品質マネジメントの原則」において，顧客価値創造とともに「社会的価値重視」を挙げており，この視点が，TQMによって達成しようとする持続的成功のために，社会的存在としての組織の責任，製品・サービスの顧客以外の関係者への影響，製品・サービス提供に関わる活動がもたらす関係者への影響などについての考慮が必要であるとしています．

「5.2　企画におけるトップマネジメントのリーダーシップ」では，QMS の企画において，トップマネジメントが，「法令・規制要求事項を満たすことは当然のこととして，製品・サービスを通じて提供する顧客価値を明確にし，それを満たす」こと，「組織の社会的役割を明確にし，利害関係者のニーズ及び期待に応える」ことを確実にするよう推奨しています．

「6.2.1　品質方針」が，「顧客価値，事業シナリオ，組織能力像，事業環境変化の分析及び組織の社会的責任に対して適切である」ことも推奨しています．

「9.4　事業環境の変化及びパフォーマンスの監視，測定及び分析」において，「社会の価値観及び法規制の動向」を考慮して監視・測定をするよう推奨し，組織の諸活動がもたらす社会に対する影響の評価指標を定めるときに，環境，安全，社会貢献，透明性，法令遵守，雇用機会，納税などに配慮するよう推奨しています．

さらに，規格の付属書に，この規格で用いる重要用語の概念の説明がありますが，顧客価値には，「顧客が社会の視点で認識する」価値，例えば，地域貢献，社会貢献，リスク(健康，安全，環境，文化)などもあることを説明しています．

こうしたことから，社会的存在としての組織の責任を果たし，組織のコンプライアンスを確かなものにするためには，トップマネジメントが法令・規制要求事項および組織の倫理規定の順守を主導することが不可欠であるということがわかります．

3　TQM で不祥事は起こりにくくなるか

そもそも TQM や品質マネジメントという経営アプローチの本質は，「品質中心・顧客志向・目的志向」と「システム志向・プロセス重視」にあり，この基本思想と方法論によって持続的成功(事業環境が変化しても顧客に認められ続ける)を達成しようとしています．真に顧客に認められるためには，不祥事を起こしてよいわけがありませんし，まともな業務システムを設計・構築・運用することによって，不祥事の起こりにくい組織運営体制ができるに違いありません．

このように，「妥当な目的を達成するためのシステム志向・プロセス重視」は，全体最適，プロセス定義，知識基盤定義，合理的な業務標準化を促し，不祥事は起こりにくくなるでしょう．TQMの重要な行動原理である「人間性尊重」は，人材育成，教育・訓練，人の質の管理を推進し，賢者の愚直ともいうべき人々を増やすことでしょう．TQMのカンバンでもある「継続的改善」は，問題解決，原因分析，是正処置，予防処置を通じて，不祥事の視点からも危うい業務の改善を推進できるでしょう．

TQMの代表的なマネジメント手法である「日常管理」は，業務機能定義，プロセス定義，標準化，標準どおりの業務の推進を促し，効果的・効率的な組織運営のみならず，不祥事の起きにくい組織の実現に貢献するでしょう．さらに「方針管理」は，全組織的課題について，策定，展開，実施，進捗管理，振り返りとPDCAを回す過程で，全組織的な価値観共有，情報共有を醸成し，これまた不祥事の起きにくい体質の構築に貢献するでしょう．

TQMの基本的な考えの中には，上述したように「人間性尊重」も含まれています．事業活動を実行しているのは，トップマネジメントを始めとした経営層，部門責任管理職，中間管理職，現場担当者という人間です。不祥事の中には犯罪となるものもあります．それは，悪意をもった一人の業務実施者が犯す個人的な犯罪とは違い，多くの場合，上位職位の意志(命令，示唆，忖度の期待など)で不正を行っています．それらの人は悪意をもって不正を実行したのでしょうか？　考えてみてください．不祥事は，不正に加担していることに耐えられなくなった人が内部告発で暴露するという事例が少なくないことにも注目する必要があります．「人間を大切にする」という観点からも不祥事が起きない組織作りをしていかなければなりません．

私が在職した会社での経験談

TQM に関連したエピソードとして，古い話ですが TQM 導入時代の私の経験談を少し紹介します．

私が在職していた自動車会社(本田技研工業)では，4 代目社長の川本信彦氏が 1992 年 1 月に「ホンダフィロソフィー」という行動規範を発行し，同年 4 月に TQM スタートを宣言しました．その背景は，ホンダの DNA であるチャレンジ精神で，「考えているよりも，まず行動」という行動規範から来る十分な計画なしに行動に先走ってしまう体質からの脱却と，バブル崩壊から始まった不確実性の時代を生き延びるため，発表前年の 1991 年に企業体質の改革のスローガン「激動に対応するスピードを求めて，次世代ホンダに向けての企業体質の確立」が社員に示されたことから始まりました．

ホンダがめざす TQM とは，「客観的に事実は事実としてとらえ，重点指向するなかで，体系的・科学的・全社的に計画(P)，実施(D)，検討(C)，処理(A)を繰り返す質の高いマネジメントを行うこと」と定義づけられていました．もともと製造現場では QC 活動(品質改善の小集団活動)が活発に行われていたので，TQM のターゲットはむしろ管理部門，営業部門などの非生産部門でした．「ホンダジョブコンセプト」という方針管理手法で実行した結果，人，モノ，金のマネジメントが強化され，仕事の質は各段に向上しました．当時としては日本の大企業ではまだ珍しかった(個人ベースで実績により増減する)管理職の年俸制，プロセスのアウトプットに関連する他部門による多面評価による業務評価などが始まったのもこの時期からでした．

このホンダ流 TQM で身についたことは，精度の高い目標設定であり，そのための要件，リスク検討，実現可能な日程計画と目標達成のための PDCA を徹底して回すことでした．この結果は目標達成率が格段に向上したという TQM による成果です．

そのような時代にコンプライアンスに係る問題が発生しました．安全に関わる欠陥の類ではなく被害者はいませんでしたが，顧客優先で行ったことが厳密にいえば法規制違反だったのです．ここでも前出の不正のトライアングルの理論(正当化：顧客ニーズを満たすこと，動機・圧力：営業部門からの強い要請，機会：実行部門には実行できる状況ができていた)があてはまりますが，正当化された要件を満たすための「不都合な事実(規制項目)に目をつむる」という姿勢が根本原因でした．この問題をトップが大きく取り上げ，社長が社報で法規制を守ることの重要性を全社員に発信し，リスク管理の観点から品質保証部からコンプライアンスの監視機能を独立させました．

エピソードをもう１つ紹介します．それはトップのコンプライアンス認識に関することです．

コンプライアンス系の業務では，自動車の品質問題が発生したときの組織内および関連部品会社への対応などの難しい事案を経験しましたが，その一つで，ある部品の製品不具合でリコール実施について部品会社の経営陣と会議をもったときのことでした．その部品会社の経営陣は，「うちの先生(当該会社が支援している国会議員を意味しています)にお願いしてリコールは避けたいのですが」という発言があったとき，ホンダの品質担当重役は「ホンダをバカにするな！」と激怒しました(注：今では，国会議員を使って官庁を動かすということはほとんど不可能と思いますが…)．

これが，リーダーシップにおける倫理行動であり，自動車製造会社における企業責任であると考えます．自分がいた自動車会社を美化するつもりはありません．ここで言いたいことは，前述の話を含めトップの言動や行動が，企業が間違いを起こさないためにいかに重要であるかを伝えたいのです．

企業責任に対する監視システムが必要

大企業や中堅企業では，企業責任を監視する仕組みは昔からありましたが，不祥事では，これが有効に機能していなかったことが顕在化したわけです．

不祥事発覚後に，第三者委員会を設立し外部専門家や識者による調査を行ったり，コンプライアンス部門の設置や経営層にコンプライアンスオフィサーを置くなどの会社が増えました．

企業責任をまっとうするための内部統制では，監査部門による内部監査があります．企業では監査機能(監査室など)が，会社の財務，コンプライアンスなどの領域を監視する役割を担っています．監査機能における内部統制は，経営上のリスクを一定水準に抑え，「業務の有効性と効率性」，「財務報告の信頼性」，「法令遵守」，「資産保全」を確保することが目的だとされています．この監査機能が正しく働かなかった結果，財務の粉飾決算で上場廃止の危機に陥った大手電機会社，製品の安全欠陥に適切な対応をせず消滅した自動車部品会社の例などが失敗事例の典型でしょう．

内部監査は通常大きく分けて上記のような監査室(監査法人が行うものを含め)などが実施する経営・財務事項と，品質管理部門や環境管理部門などが行う品質，環境などのマネジメントシステムに対する内部監査の 2 種類があります．いずれの内部監査もリスク回避の観点から自浄能力を高める監視活動です．

コーポレートガバナンス(企業統治)が投資家からも求められる流れから，前者は，自社(同族)の監査役が取締役を監査する(不正が隠蔽される可能性が大きい)在来日本型から，社外取締役の導入により利害関係者を代表する立場で透明性，公平性を確保しやすい形に変化してきています．これはガバナンス向上に効果的であり，この方法を採用する会社が増えることはよいことだと考えます．

後者のマネジメントシステム内部監査は事業プロセスとの統合という見地からも，事業リスクの検出も視野に入れて行われるべきですが，実態は ISO 認証維持のための活動に留まっている例が少なくありません．この状況はトップがマネジメントシステムの内部監査の価値をあまり評価していないからだと思えてなりません．トップはマネジメントシステムの内部監査も TQM の監視ツールであると認識し，現場で起こっている事象を理解し，必要に応じたリスク対応を率先して行う必要があると考えます．

まとめ

会社での実体験やJABにおける不祥事調査活動などを含めて，多角的な考察を行ってきました.「TQMの考え方」では，企業におけるTQMのマネジメントシステムモデルともいえるJIS Q 9005：2014「品質マネジメントシステム—持続的成功の指針」を紹介しました.

単にルールを作って従業員を縛るということだけでは不祥事は到底防げません．不正のトライアングルを形成させないためには,「人間性尊重」を基本として，トップマネジメントのリーダーシップがいかに重要であるか，場合によっては企業風土まで変えなければならないこともあるかもしれません. TQMで100％の解決はできませんが，TQMの実践は大変有効であることをご理解いただけたと思います.

最後に，不祥事を防ぐまたは起こりにくくするために押さえておくべき次の事項を再確認して，本誤解テーマのまとめといたします.

- 階層間，部門間のコミュニケーションを活発に風通しがよい環境，意思疎通の確実化
- 経営層が現場で起こっている事実を把握するコミュニケーションの仕組み
- 下位職制の者でも，ものが言える環境，人間性尊重，仕組み
- 問題を表面化する悪いことは隠さない，隠せない仕組みを作る問題顕在化の仕組み
- (トップに対しては)価値基準を利益優先の目標のみにしない，働く者が共有できる価値基準の目標を作る価値観の創造，モチベーション
- リスクに基づく考え方から，内部統制(内部監査機能)を充実させる効果的な監視機能
- コンプライアンス(倫理，法令順守)を尊ぶ文化を醸成する企業風土，リーダーシップの役割

誤解 16

TQM は方針管理と QC サークル，品質保証を やっていればよいですよね

はじめに

今は昔，私が企業(非鉄金属加工メーカー)の生産技術部門や品質保証部門のスタッフとして勤務しているときには，全社的な品質管理の活動としてのTQM (総合的品質管理：私の勤務会社では，当時 TQC といっていました)は，①トップダウンとしての方針管理と②ボトムアップとしての QC サークル活動，それに③(顧客視点での)品質を確保する品質保証(QA)体制があれば，必要十分ではないかと考えていました．まさに今回の誤解にあるとおりです(それが大きな誤解であることは，後で気がつきました)．

TQM を本誤解のように考えている方や会社に対して，2 つの大きな懸念があります．一つは，TQM の“形式的”な適用と実践です．TQM 活動要素である方針管理，QC サークル，QA 体制のいずれにしろ，形だけ整えておくことが中心で，これら各活動要素の目的の達成，さらには経営・事業戦略の達成に向けて有効に機能しているかどうかは二の次というようなことはないだろうか，という点です．もう一つは，TQM そのものについての誤解です．TQM の活動要素は方針管理，QC サークル，QA だけではなく，他にも多種多様な構成要素があります．「馬鹿と鋏は使いよう」という諺があるように，TQM

という道具を適切に理解し，それを経営・事業に役立つように使えなければ，どんなによい道具を用いても，よい効果は期待できません．

本誤解の意味・背景とその問題点

本誤解のように「TQM= 方針管理 + QC サークル活動 + QA 体制」と考えている方は思いの他多いようです．TQM という経営管理手法の主たる特徴が“組織一丸経営”であると考えれば，方針管理は経営者・管理者が策定した経営・事業方針を各部門に展開してその達成に向けて全従業員を牽引していく“トップダウン的”活動，QC サークル活動は主に現場・職場における課題・問題の解決や従業員の意欲・能力向上に寄与する“ボトムアップ的”活動，さらに各部門の活動を「品質」の観点から横串で管理・調整して，顧客に提供する製品・サービスの質を確実に保証する QA 体制，という 3 つの TQM 活動要素があればそれで十分，と考えることにも一理あります．

実は，1980 年代初頭の TQC ブームのとき，世界的に脚光を浴びたのが日本の方針管理と QC サークル活動です．繰り返しになりますが，方針管理によって，トップが思いのままに組織一丸経営をできるようになり，QC サークル活動によって第一線の従業員の意欲向上，能力向上により，現場が全員参加で業務改善を進めることが可能となります．これらの活動に，TQM の最終目的である「品質」を忘れてはらないという戒め(？)の意味合いもあって，QA 体制を加えれば万全ではないかとの考え方です．以上のような背景があって，本誤解のような反応を示す方々がいるのだと推測されます．

誤解だ，と言いましたが，TQM においてこれら 3 つの活動要素が重要であることに疑いの余地はありません．むしろ，これらの活動要素を“形式的に”適用してしまっており，十分に効果が出るように活用していないのではないか，という懸念が本誤解で最も訴えたいことなのです．

形式的な適用，活用によく見られる典型的な症状

TQM の活動要素である方針管理，QC サークル活動，QA 体制それぞれについて，形式的な適用，活用としてよく見られる典型的な症状を示します．

1　方針管理

誤解 21 の冒頭(p.130)において，典型的な症状として①〜⑥までのケースが示されています．端的にいえば，下記の**図表 16.1** のような症状であり，その結果，毎年同じような方針が出され，方針達成率がずっと低い状況が続いていきます．

2　QC サークル活動

本来は，現場・職場による自主性ややる気を醸成し，従業員の問題解決能力の向上に寄与すべき活動でありますが，**図表 16.2** に示す症状などをよく見受けます．その結果として，「QC サークル活動を毎年○件やりました」というように，活動をやること自体が目的化しているような状況です．

図表 16.1　方針管理における典型的な症状

- □ 形式的な方針の展開，方針過多となっている．
- □ 方針に対応する方策の検討が不足している．
- □ 必要なリソースが投下されない．
- □ 進捗管理が不十分である．
- □ 反省(振り返り)が不十分で，次年度の方針や計画に活かせていない．
- □ 方針管理を進める前に，日常管理体制が脆弱である．

図表 16.2　QC サークル活動における典型的な症状

- □ 半強制的な組織化がなされている.
- □ 現場や職場でやらされ感が蔓延している.
- □ 現場，職場にとって重要ではない問題やテーマを挙げて活動をしている.
- □ 稚拙な問題解決ストーリーのままで，その後も成長やレベルアップが見られない.

3 QA 体制

QA とはその文字どおり「品質保証」であり，誤解 4(みんな編)で述べているように，「お客様が安心して使っていただけるような製品・サービスを提供するためのすべての活動」であり，「品質管理の目的」であり，「品質管理の中心」であり，「品質管理の神髄」である，などといわれているものです．それにもかかわらず，**図表 16.3** に示す症状などが見受けられます．

以上に示したような典型的な症状が多く見受けられるのであれば，TQM の

図表 16.3　QA における典型的な症状

- □ 検査と個別クレーム対応が活動のメインとなっている.
- □ プロセスでの品質の作りこみが不十分で，工程内不良率や内部失敗コストが高い状況が続いている.
- □ 品質がよい＝不良品がない(適合品質または製造品質)と考えており，設計品質，企画品質や市場品質に関する品質保証のための活動は相対的に弱く，関連する組織内外における品質データの収集・分析などを行っていない.
- □ QA 体制や QA に関わる手順書，規準などについての定期的な見直し，改善が行われておらず，最初に作成した QA 体系図をずっと使っている.

形式的な適用，活用になっているかもしれませんので，図表16.1～16.3をチェックリスト的に活用して，ご自身または所属する会社でのTQM活動について確認してみてください．

TQMとは？

TQM（Total Quality Management）とは，誤解15で少し解説しましたが，戦後日本がアメリカから学び，日本的な改良を加えて体系化したものです．

「TQM（Total Quality Management）は，総合的品質管理とも呼ばれていますが，品質を中核とする経営管理の様式です．

TQMは，

1）　顧客の要求にあった商品（製品・サービス）を

2）　経済的に提供する

ための活動の体系で，

1）　顧客指向

2）　継続的改善

3）　全員参加

により展開されるものです．」と定義されます（デミング賞委員会：「日本品質奨励賞のしおり」）．

TQMは，単なる概念ではなく豊富・多彩な道具（手法）を含むことが大きな特徴だといえます．TQMの3つのキーワードは，上記1）～3）に対応する，「品質（顧客指向）」，「継続的改善」，および「全員参加」だと考えられますが，その3つは，現在のISO 9000の「品質マネジメントの7原則」にも含まれています．これは，日本の品質管理の専門家がISOの規格制定時に提案した結果です．

なお，日本における総合的品質管理は，以前はTQC（Total Quality Control）と呼ばれていましたが，1995年ごろからTQMと呼ぶ企業が増えてきました．

TQMの全体的な構造(構成要素)をどう考えるかは，学者や専門家によって多少異なりますが，以下のi)～iv)のようなものです．

i) 基本的な考え方：品質，システム志向，標準化，事実に基づく管理など

ii) コアとなる管理システム：方針管理，日常管理，経営要素管理(機能別管理)，品質保証システムなど

iii) 手法：問題解決法，QC七つ道具，新QC七つ道具，統計的手法，QFD，FMEA，FTA，DRなど

iv) 運用技術：導入・推進方法，組織・人の活性化，QCサークル活動など

上記からわかるように，方針管理やQCサークル活動は，TQMの代表的な「管理システム」や「運用技術」ではありますが，その一部に過ぎません．

方針管理は，上記ii)の一つですが，そもそもii)には方針管理，機能別管理，日常管理があり，方針管理を進めるにはその前に日常管理を整備しないといけないのです．それが整備されていないと方針管理は絵に描いた餅になります．

QCサークルも，運用技術の一つで従業員による全員参加と人材育成の面がありますが，他にも提案制度，社内大会の開催などがあります．また，最近はQCサークルを方針管理の達成手段の一つとして活用している場合もあります．TQMの全貌の詳細を知りたい方は，参考文献[6)]を参照してください．

“形式的”から“実質的”なTQMの適用，活用へ

TQMの“形式的”な適用と活用から，経営・事業目的達成に役立つ“実質的”な適用と活用へ移行するためには，何に留意すべきかを解説します．

1 方針管理における留意点

方針管理に関する“実質的な”適用と活用についての詳細は誤解10(みんな編)に示されていますが，その主要なポイントは以下のとおりです．

1)　方針策定：重点を絞った合理的かつ明確な全組織的方針の設定

方針は「品質第一，トータルコストダウン，納期遵守100%，人材育成，職場の安全確保」のように，万年通用するようなものではダメであり(このようなことは日常管理ですでにやっているはず！)，現在の経営環境にあって，これらのうちのどれがなぜ重要なのか，具体的に重点を置くべき行動原理・基本方針は何か，を方針として掲げるべきです．また，方針は中長期計画，社内外の情勢分析，前年度の反省に基づき，方針達成に必要な人・モノ・カネなどの経営リソースの制約を満たしたうえで，合理的に策定するのがよいでしょう．

2)　方針展開：各部門・各階層への十分な伝達・理解(理解，周知)

トップ方針，全社方針を，ほぼそのままの形でスローガン的に唱えるだけでは，当然達成できません．自部門の役割・責任・権限を踏まえて，上位方針達成のために何をなすべきかを，組織体制や構造に従って全社方針→事業部方針→部方針→課方針という形で順次展開していきます．その際，下位の方針が達成されたとき，上位にある方針が本当に達成できるかどうか，その整合性や網羅性を方針策定のときに確認しておくことが重要です．

3)　方策展開：方針達成のための具体的方策の立案(目的から手段への展開)

前項と似ている部分がありますが，ここでのポイントは，目的・目標を実現するための方策(手段)に展開することです．目的－手段関係を十分に考察したうえで，どのように実現するか考えます．方針管理では，2)の方針とそれを実現するための手段である3)方策をセットにして，下位組織に展開していきます．その結果，トップ方針，全社方針を誰が，どのように達成するかが系統的に展開され，明確にされます．

また，上位から下位の組織に展開する際，「キャッチボール」とか「すり合わせ」といわれるような，上位と下位の調整を行うことで，各組織がやるべきことについての同意と納得を得ることも大切です．

4)　進捗管理：実施過程における進捗チェックとフォロー(プロセス管理)

何をやるべきか決まったら，その具体的な実施事項，担当者，スケジュールなどを含めた業務実施計画書(アクションプラン)を作っておく必要があります．計画書があれば，計画に対して現在の進捗状況に遅れがあるかどうかが明確になり，その遅れを挽回するための処置を早期に打つことができます．

5)　原因分析：年度末などにおける未達原因の深い解析(教訓，フィードバック)

期末レビューにおいて，未達となってしまった原因について深い解析を行うことが重要です．例えば，計画と実施のどちらに問題があったのか，リソースは十分に投入されていたか，上記4)進捗管理において未達となりそうな“予兆”をきちんと検知し，挽回のために打たれた処置が適切であったかなどです．また，方針管理の仕組みそのものについても問題があれば，改善できるようにするとよいでしょう．

2　QCサークル活動における留意点

QCサークル活動を効果的なものとするためには，次の点に留意すべきです．

1)　経営トップの役割

QCサークル活動は従業員による自主的な活動であるといっても，自発的に始まるものではありませんし，継続しません．その意味で，経営におけるQCサークルの位置づけやその意義について，経営トップ自らが明確に宣言しておく必要があります．また，QCサークル活動に必要な資源を配分したり，QCサークル大会などに参加する，QCサークル活動の実施状況・成果を経営会議で報告させるなど，経営トップとしてのコミットメントを行動で継続的に示すことも極めて重要です．

2)　目的に合ったQCサークル活動の多様な運営・推進形態

誤解11(みんな編)で述べているとおり，日本品質管理学会規格の「小集団改善活動の指針」(JSQC-Std 31-001：2015) では，「小集団改善活動」の形態を「職場型－横断型」と「継続型－時限型」という 2 つの軸で 4 つのタイプに分類しており，世の中で一般的にいわれている QC サークルは「職場型・継続型」に相当します．この学会規格で定義しているように，QC サークルを「小集団改善活動」と広く捉えれば，ある同じ現場・職場内に限らず，部門横断的で，方針管理につながるよう時限的なテーマに取り組むこともあり得ます．したがって，QC サークルを運用する際には，「職場型・継続型」に限定，固執する必要はなく，自組織の目的に合った多様な運営，推進形態で進めるのがよいと思います．

3)　やる気の出る，挑戦的な活動テーマの設定

QC サークル活動を自律的に進め，その活動を通じて能力向上を効果的にするには，その活動として何をやるか，すなわち活動のテーマ決めが最も重要でしょう．主体的かつ自主的に行ってもらうためには，

- 自分たちが仕事を行ううえで困っていることは何か．
- 職場の方針や重点課題は何か．
- 顧客や前後の工程が困っている，期待していることは何か．
- 過去の活動で残っている問題・課題は何か．

などの観点から，テーマを決めておくことが重要だと思います．また，QC サークルメンバーの現有の知識や能力に対して，少し“ストレッチ”すれば解決できそうな活動テーマにしておくことにも留意すべきです．

4)　QC サークル活動の評価と表彰・奨励，相互啓発の場

個々人の能力向上や組織としての活性化の観点から，すでに実施した QC サークル活動の評価を行うとともに，進め方や得られた成果，チャレンジ性などで優れた QC サークルに対しては，みんなで共有する場を設けたり，表彰・奨励を行うような制度設計も重要です．QC サークル活動事例集や，職場・全社的な QC サークル大会はその代表例です．

5)　個々人の能力評価と教育・訓練体系

個々人の能力向上の観点からもう一つ重要なのが，能力評価を適切に行い，

必要な能力向上のための教育・訓練プログラムや機会を十分に提供しておくことです．また，能力評価の結果に基づいて，社内問題解決リーダー認定を行ったり，当人の業績評価や人事考課の１要素として取り込むことも重要でしょう．

6）QCサークル活動のレベルアップとそのための推進，支援の仕組み改善

上記4)の評価結果を踏まえて，QCサークル活動の質的なレベルアップ，すなわち適切な問題解決ストーリーに沿っていたか，各ステップで必要な統計解析手法を駆使できているか，その結果として当初の活動目的を達成できているかについて継続的に向上することが重要です．そのために，QCサークルの推進事務局としてどのような教育，支援や進め方をすべきか，QCサークル活動推進の仕組みの継続的改善も行っていくとよいでしょう．

3 QA体制における留意点

QA体制を充実させ，より効果が出るようにするためには，品質保証の目的である「品質」の拡大，その品質保証のための「管理活動」の高度化・強化の2点が重要です．

1）“品質”の拡大

a）製造品質(適合品質)から，設計品質，企画/市場品質の保証へ

品質=不良品がない，という考えがあり，すなわち製造品質とか適合品質のみを品質保証の目的として狭く捉えています．設計仕様が妥当かという設計品質や，そもそもの製品コンセプトが市場に受け入れられるものであるかの企画品質，さらには顧客に引き渡した後に製品を適切に使用し，必要な付帯サービスが提供されているかの市場品質にも目を向けた活動をすべきです．

b）狭義の品質(Q)だけでなく，CDSMEも対象に

製品・サービスの設計仕様に定められている製品・サービスの機能・性能が顧客要求仕様やニーズに合致していることは当然ながら重要ですが，このよう

な狭義の品質(Q)ばかりでなく，コスト(C)，納期・量(D)，S(従業員安全)，M(士気，倫理)，地球環境(E)などの経営要素を含めた広義の品質をも対象とすれば，解決すべき重要課題を特定することができるでしょう．

c)　モノの品質保証から，サービス，体験，顧客価値の提供へ

品質保証の対象は，何も有形の製品に限りません．近年は多くの製品の中に高度なソフトフェアが組み込まれることが当たり前であり，また有形の製品に連携したアプリやITサービスを組み合わせることで顧客に素晴らしい体験や価値を提供するような例もあります．今日では，顧客にとって感動的な体験や価値を提供することこそが，市場における競争優位の源泉となっていることから，顧客への体験や価値をいかに品質保証すべきかを考えるべきでしょう．

2)　品質保証のための管理活動の高度化・強化

a)　管理活動領域の上流へのシフト

製品の性能・機能を確実に品質保証するという視点から，「検査」は非常に重要な活動である一方で，検査によって品質が向上するわけではありません．製品の品質に直接関与する上流の活動領域，すなわち製造プロセス→購買→設計→企画→R&Dとマーケティングに活動を徐々にシフトしていくことが必要です．品質管理ではこの考え方を「源流管理」と呼び，プロセスの源流に遡って問題の発生を未然につぶすことが，時間，工数，費用のあらゆる面から理にかなった活動であるとして，推奨しています．

b)　改善の深化，レベルアップ

顧客からから届いた個別のクレームに迅速かつ誠実，確実に対応することは品質保証の基本的な活動であることは疑いの余地はありません．ただ，これができたからといって，クレームが起こったことは事実であり，再度同様なクレームが同じ顧客で起きれば，顧客からの信用を失いかねません．したがって，個別のクレームへの適切な対応という「応急処置」に加えて，同様なクレームが再発しないように確実に「再発防止(水平展開，横展開を含む)」を図ることが重要です．再発防止の如何は，そのクレームの問題解決の“深さ”に大きく依存します．事実・データに基づく現状把握，プロセスや仕組みの不備

や脆弱性に焦点を置いた原因分析，効果や実現性，副作用を見据えた合理的な対策の実施などに留意して進めたいものです．

これに加えて，個々のクレーム分析ではなく，複数クレームの分析によってQA 体制の不備を特定し，改善していくことも重要です．

また，クレームのようにすでに起こった問題への対応ではなく，“未然防止”活動も行っていくべきです．このための代表的な活動が「品質監査(製品監視と工程監査)」であり，クレームや工程内不良を引き起こすかもしれない重要な要因やその前兆をいかに発見し，事前に適切な処置が打てるかどうかが重要です．

c）標準化および品質改善活動の全社的な推進

QA 体制ができあがっているとしてもそれはあくまでも“器”であり，もっと重要なのはその“中身”です．QA の推進役である品質部門だけがその“中身”のレベルアップを行うのは，量的にも質的にも十分ではありません．その意味で，“中身”の充実とその改善を組織的に進めることが必要不可欠であり，そのためには社内における標準化推進計画の立案と推進，および各部門(企画，設計，購買，製造，営業・販売)自身が品質改善活動を行えるようにするための支援，調整を実施すべきです．

方針管理と日常管理の切り分け方について

方針管理の留意点については上述したとおりですが，品質保証部門の責任者であった私自身の経験として，これらに加えて，方針管理をうまく進めるためには，方針管理と日常管理を適切に切り分けておくことも重要だと考えていますので，その事例を紹介します．

私は，生産技術部門および品質保証部門のスタッフとして，「TQM ＝①方針管理＋② QC サークル活動＋③ QA 体制」と考えていたと書きました．ところが，その後，品質保証部門の責任者となったときに，その考え方は不十分(誤解)であると感じ，やはり「日常管理」の重要性を認識しました．私が責任者を務めた工場の品質保証部門(総員30数名)は，以下の2種類の業務を担当していました．

- ライン業務：製造部門の自主検査状況のチェック，化学成分の分析，製品サンプルの強度試験，および非破壊検査機器の管理
- スタッフ業務：製品仕様の決定，試験検査規格の決定，ミルシートの発行，および顧客クレーム処理

そのときの品質保証部門の方針管理と日常管理の管理項目(重点課題)は，以下のようなものでした．

〈方針管理〉

以下の2項目で，製造部門，生産技術部門などと協力し，目標値と方策がスケジュール化されたアクションプランを作って推進し，毎月のフォロー結果で，方策などの修正をしました．

- 社外クレーム件数の削減－目標値：前年比30％減
- ○向け△製品の品質保証体制の確立－目標値：○社の製品認定取得

〈日常管理〉

以下の「QCDPSME」の7項目であり，部門内の手順書や会合で推進しました．

Q：検査，試験ミスの撲滅－達成手段：検査・試験要領書

C：検査・試験設備費の節約－達成手段：始業時点検，定期点検

D：検査・試験遅れの撲滅－達成手段：検査・試験要領書，出荷明細表の毎時チェック

P：検査・試験工数の予算達成－達成手段：朝礼時の予定確認

S：安全無災害の達成－達成手段：KYT他

M：改善提案件数の確保－達成手段：グループミーティング

E：廃却分析液の削減－達成手段：分析，試験時の注意

品質保証部門の責任者として，方針管理も日常管理も，両方やらなければな

りませんが，そのアプローチの仕方は，上記のように区別して行いました．そして，方針管理項目の“社外クレームの削減”と“新製品の品質保証体制”を確立するためにも，足元の日常管理項目の確実な推進が求められました．

まとめ

本誤解のまとめは，以下のとおりです．

- TQM＝方針管理＋QCサークル活動＋QA体制という考えは，TQMが世の中に注目されてきた経緯を踏まえれば一理あるし，3つの活動がTQMにおいて重要であることはそのとおりです．
- 本誤解で最も訴えたかったことは，TQMを代表するこれら3つの活動の形ばかりの適用と不十分な活用に関する警鐘です．
- TQMの形式的な適用，活用の典型的な症状，また効果が出る実質的な適用と活用につながるポイントを示したので，ぜひ参照してください．
- TQMは「品質を中核とした，全員参加による改善を重視する経営管理の一つのアプローチ」と表現でき，その構成要素はi)基本的な考え方，ii)コアとなる管理システム(方針管理，日常管理，品質保証システムなど)，iii)手法，iv)運用技術(QCサークル活動など)からなります．これら3つの活動はTQMの代表的な活動ですが，すべてではありません．

「TQMは方針管理とQCサークル，品質保証をやっていればよいですよね」は大きな誤解であり，これに対する回答は，「方針管理，QCサークル，品質保証はたしかにTQMの代表的な活動であるが，形ばかりの適用，活用では意味がない．経営や事業に貢献できるような効果を出すために，これら3つの活動を実質的で有効なものにすべきだし，必要に応じてTQMの他の活動要素にも取り組む必要がある」となるでしょう．

誤解 17

わが社はISO 9001認証を受け，検査もきちんとやっているので品質管理体制は万全です

2つの会社での誤解

20年以上も前のことですが，ある会社に品質管理課という部署がありました．そこで，どのような活動を行っているのかを確認したところ，「製品の検査を行っている部署です」と回答がありました．そこで確認のため，品質管理をどのように考えているのかを質問しました．すると，「製品検査を行うことです」と回答がありました．皆さん，どのように思われますか．何かおかしいと思いませんか．業務内容から考えると品質管理課ではなく，検査課という名称であれば納得できます．これが品質管理課という名称であれば，品質全般に関わる活動を行うことがその役割であるべきだと思います．

また最近，ある会社で品質管理体制はどのようになっていますかと質問したところ，「ISO 9001を認証取得しており，製品の品質は中間検査と最終検査で確認をしていますので，品質管理体制は十分できています」と回答がありました．これもなんだか変です．品質管理体制ということの意味があまり理解されていないのではないでしょうか．

この2つの例から見ると，

- 品質管理体制＝検査

- ISO 9001 の認証取得さえすれば，品質管理体制が構築できている．

と思っているようです．でも，これらはいずれも誤解です．

検査をやれば品質がよくなるか

1 検査の目的

検査には，受入検査，工程内検査，出荷検査があり，その方法には，全数・抜取検査，破壊検査，目視・官能検査などがあります．これらの目的は，決められた仕様，顧客要求事項を満たしている製品になっているかどうかを確認・判断する行為です．しかし，上流工程で確実に不具合・不良のない製品を作れば，理論的には検査の必要はありません．現実には良品 100% にできないので，不具合・不良を低コストで見つけるために検査活動は必要です．検査は，後工程・顧客への不具合・不良の流出防止には効果があるものの，検査によって製品の品質そのものがよくなるわけではありません．

2 製造・サービス提供(適合)品質，設計品質と企画品質

品質については，次に示すように，製造・サービス提供品質(適合品質)，設計品質，さらに企画品質という概念があります．

- 製造・サービス提供品質：

  製造・サービス提供工程で不良を作り出さない．

  製品・サービスに対する設計仕様どおりに製造・サービス提供を行う．

- 設計品質：

  製品・サービスの企画を実現できる設計仕様を定める．

- 企画品質：

  顧客や社会のニーズ・要求に適合し売れる商品コンセプトを立案し，それを実現する製品・サービスの企画をする．

つまり，売れる商品コンセプトを作り，それを実現する手段を設計し，そのとおりに確実に製造・サービスを提供することで，品質のよい商品の提供が可能になります．さらに，優れた製品・サービスのコンセプトを作るためには，上流工程である市場調査と将来を見通した研究開発も重要な機能として捉えることが大切です．

以上の観点から，顧客や社会のニーズ・期待に見合う製品・サービスを提供するためには，バリューチェーンとしての市場調査，研究開発，企画，設計，購買，製造，検査，販売，サービス提供(製品の引き渡し)などの品質機能を，一連の業務の中に埋め込んで運営することが必要不可欠で，これらの業務を効果的で効率よく管理することが大切です．

3　改めて，検査とは

前項より，受入検査は購買で，工程内検査は製造内の各工程で，そして出荷検査は製造の最後で品質確認をして販売・サービスに移行することになります．つまり，検査は良質な製品・サービスの実現に必要なバリューチェーンの品質機能の「一要素」でしかないということです．

したがって，「品質管理体制とはバリューチェーン全体を通した品質管理活動を行う体制であり，その役割は検査だけでなくバリューチェーンのすべてにわたる」が正しい理解となります．

ISO 9001 認証取得によって品質管理体制が構築できるか

1　ISO 9001 の QMS モデルの本質と限界

ISO 9001 は事業環境の変化を考慮して 2015 年版は以前より進化していますが，ISO 9001 の QMS モデルは基本的には，従来からの考え方である“品質保証＋α(継続的改善)”であることに変わりはありません．もちろん，これだけで，よい製品・サービスを提供することはできません．例えば，上述した品質機能のすべてをISO 9001でカバーしているわけではありません．とりわけ，市場調査や研究開発と，商品企画の一部や販売に関する機能は考慮されていません．また，ISO 9001にある各品質機能についても，その取組みの深さや広さは製品・サービスの品質レベルに大きな影響を与えるため極めて重要ですが，取組み自体は企業自身の決定・工夫にゆだねられていているので，かなり周到な洞察に基づき数々の工夫をして取り組む必要があります．

つまり，ISO 9001のQMSモデルの関心事は顧客と合意した仕様どおりの製品・サービスを提供する能力があることを実証することによる信頼感の付与にあることから，ISO 9001認証取得だけの品質管理体制では，顧客や社会の潜在ニーズを発掘し，競争力ある製品・サービスの提供を通じた顧客およびその他の利害関係者の満足度の向上につなげることは難しい，ということが理解できるはずです．

ISO 9001の有効活用による品質管理体制の基盤構築

ISO 9001のQMSモデルが限定的であっても，良質な製品・サービス提供に必要最低限の要素や取組みが要求されているため，これを基盤として有効活用すれば，きちんとした「品質管理体制の基盤」を築くことは可能です．

その有効活用の例として，次のようなものがあります．

1）「4.1　組織及びその状況の理解」の事業戦略への展開

組織およびその状況の理解では，経営目標や事業戦略に関連する外部および内部の課題，並びにQMSの意図した結果に影響する組織の能力に関する外部および内部の課題を考慮するということは，まさに事業戦略の策定に活用できることにつながります。

2）　QMSの構造の明確化

品質機能を明確にするだけでなく，品質機能間のインターフェースを明確にすることでQMSを構築し，これを文書化することで組織内の要員がQMSを理解できるようになり，品質管理にどのように取り組むべきかがわかるようになります．このような活動を行った結果，自組織の特徴を考慮した QMS を構築することができ，よい製品・サービスを提供できます．

具体的には，QMS の構造図によって各品質機能を担うプロセス間の関係を理解し，また各プロセスが担う品質機能を果たすために必要なサブプロセスを明確にして業務の流れを定めて，これをもとにどのような品質管理活動を行うのかを明確にできます．

3)　品質機能の改善

ISO 9001 の要求事項と各プロセスの品質機能とを比較することで，そのギャップを明確にし，効果的な仕組みを取り入れることができようになり，品質管理体制が強化されます．

ISO 9001 の要求事項と各プロセスの要素との対比表を作成して，ギャップのある要素を明確にし，それに対してどのような手順を組み込めば有効なのかを検討し，品質機能を改善できます．

4)　プロセスの責任・権限の明確化

製品・サービス提供において不具合や不良が発生した場合の改善の責任者を明確にすることで，スムーズな問題解決ができる体制を確立できます．

ISO 9001 の要求事項と各プロセスの責任・権限との対比表を作成し，責任・権限が決まっていない要素を明確にし，既存の責任・権限をレビューして品質管理体制の責任・権限を再構築することができます．

5)　効果的な手順の標準化を行う

手順の標準化が進んでいない場合，ISO 9001 の要求事項を考慮して手順を効果的で効率的に変更することで品質管理体制が機能するようになります．

現在の作業手順のレビューを行うために，プロセス分析(業務機能展開，業務機能実現方法の妥当性検討)を行って，ISO 9001 の要求事項と比較し，リスクを考慮して必要な手順の追加と改正を行うことで，品質機能の改善を図ることができます．

3 ISO 9001 認証取得への企業の取組みの現実

しかしながら，その品質管理体制の基礎になり得る ISO 9001 の認証取得をした多くの企業の現状を見ると，認証維持のための形式的な取組みが散見されます．特に，箇条 4(組織の状況)への真摯な取組みに大きな意義があるにもかかわらず，そのことが理解されていません．

品質管理体制は，事業環境や利害関係者の要求事項の変化に対応して改善しなければ，組織の目標を達成することはできなくなるということの認識が低いため，目先のことだけに気を取られ，品質機能の一部だけについて，是正でなく修正のみを行っているという現実があります．

このような状態にならないためには，箇条 4 に関わる要素(事業環境や QMS に影響を与える課題，利害関係者の要求事項)の変化を定常的に監視し，変化の兆しが見えた場合には，現在の QMS の運用にどのような影響を与えるのかを十分検討することが必要です．この変化の兆しは組織の「機会」と「脅威」の両面に影響を及ぼします．変化が機会と見なされるような場合は組織には追い風となり，うまくその機会を生かせば事業業績にプラスとなるでしょう．反対に変化が組織に脅威となり得るものであったら，早めに手を打たないと大きく業績が落ち込むことになりかねません．このように事業環境の変化は経営に大きく影響しますので，ISO 9001 の箇条 4.1 では，「組織を取り巻く外部および内部の課題に関する情報を監視し，レビューしなければならない」，と要求しているわけです．

ところが，このような規格の意図を理解せず，認証を受けた組織の中には，これらの外部および内部の課題に変更があった場合，QMS の運用への変更を考慮するということに真剣に取り組んでいないのではないでしょうか．もしかすると，一度認証を取った後はことさら経営環境を監視することなく，今のまま運用・維持していればよい，と思っているのではないでしょうか．もしそのような状況があるとすると，どうしてそのような状況が生まれたか考えてみなければなりません．

第一に考えられるのは，ISO 9001 の要求事項を正しく理解できていないということです．たとえ担当者が理解していても組織全体の理解になっていないということは十分にあり得ることです．

第二に考えられることは，要求事項を正しく理解していても，ISO 9001 を組織のパフォーマンス向上のために活用しようと思っていないことが考えられます．もし，組織がISO 9001 を認証のためだけに活用しようとすると，このようなことが起きます．

ここには第三の要因も絡んできます．それは認証機関の審査の方法です．箇条 4.1 に規定される「外部及び内部の課題に関する監視し，レビューした結果」を見せてください，と記録の存在を確認すれば，上述のような状況は起きないのではないかと思います．この問題は認証制度の意義，目的，制度のルールに沿った運用など，いろいろな要素が関係しますので，本書ではこれ以上述べません．いずれにしても，このような要因で組織がISO 9001 を正しく活用していないのであれば，たとえ認証を得ていたとしても「品質管理体制」がきちんとしているとは，とてもいえないでしょう．

競争力ある製品提供を可能とする品質管理体制の構築

組織は，顧客が満足する品質を有する製品・サービスを提供することで，顧客価値を高めることができ，このことで今後提供する製品・サービスの顧客を増やす可能性を高めることができます．一方，顧客に提供する製品・サービスの品質が悪い場合には，顧客の苦情・クレームが発生し，この苦情・クレームを提起した顧客は，今後当該組織が提供する製品・サービスを購入しなくなる可能性が高くなります．このような状態になると，組織は顧客を逃がしてしまうことになり，その結果として組織の売上高は減少し，最終的に組織は持続的成功を果たすことができなくなるでしょう．

このような事態を招かないためには，製品・サービスの品質に関する業務，すなわち品質機能を担うプロセスに関与する組織内のすべての要員がQMSを確立し，維持し，改善する活動に参画する必要があります．この品質管理に関する活動を組織のすべての要員が継続的に行うことで，製品・サービスの顧客価値を創造し，その向上を図ることができるようになります．

ISO 9001 の QMS モデルから TQM へのすすめ

事業成功のための品質経営という視点から見ると，ISO 9001 の QMS モデルおよびこれを基準とする認証制度には数々の限界があります．この限界を克服するために，次の 3 つの視点で考えることによって有益なヒントが得られるでしょう．

総合的な品質マネジメント：狭義の品質保証・適合性評価への受動的対応から競争力のある QMS 構築への自律的対応へ

ISO 9001 は品質マネジメントシステムの国際規格ですが，第三者適合性評価制度の基準として使われることを意図しています．そのため，QMS 要求事項としては，狭義の品質保証のための最低限の要求事項となっており，しかも第三者が客観的に検証できる要求事項に限定されたものになっています．

したがって，ISO 9001 を有効活用しようと考えるなら，組織は競争力確保の視点から自組織に固有の能力要件を明らかにし，これらを実装すべき QMS 要素を拡大・深化させ，自組織を取り巻く経営環境に相応しい QMS を自律的に構築し，これを運営していく体制にしなければなりません．

計画・設計のレベルアップ：計画どおりの実施から計画・設計の質の向上へ

ISO 9001 は，計画よりは実施に，設計・開発よりは製造・検査に焦点をあてている QMS モデルです．このようなマネジメントシステムモデルは，組織が保有している広い意味の技術力，すなわち目的達成のための妥当な手段・方法を定めることができる場合，後は定めた計画どおりに実施できるかどうかが問題となりますので，ISO 9001のQMSモデルでも有効に機能することになります．しかし，事業の成功のためには妥当な事業戦略を立案し，その戦略を実現できるようなQMSを設計・構築・運用する必要がありますので，あらゆる業務において計画段階で目的達成のための手段・方法を検討するプロセスを強化することがISO 9001の有効活用の一つの方法となります．

製品・サービス実現のバリューチェーンにおいて目的達成の手段・方法を定めることは，企画，設計・開発という品質機能が担っています．組織が奮闘している事業分野において製品・サービスの企画や設計・開発が成熟していて，製造・サービス提供や検査が重要であるならば，ISO 9001がかなり有効に機能することになります．そうではない事業分野では，製造・サービス提供や検査よりその上流である企画，設計・開発を重視する必要があります．

ところが，ISO 9001のQMSモデルでは，競争力の源泉となる研究開発，マーケティング，製品・サービス企画の記述が貧弱ですし，さらには設計・開発機能についても競争力のある製品・サービスの仕様化という点では十分とはいえません．ISO 9001を事業の成功に貢献できるように活用したいのであれば，ここに焦点をあてたQMS強化を図るべきです．

3 技術のレベルアップ：審査対応のマネジメントシステム構築から確かな技術が埋め込まれたマネジメントシステムの構築へ

ISO 9001はマネジメントシステムのモデルです．マネジメントシステムが有効に機能するかどうかは，前項にも関連しますが，マネジメントシステム要素に実装されている技術(＝目的達成のための再現可能な方法論)に依存します．ところがISO 9001は，マネジメントシステムモデルという性格上，“技術”についての要求事項は事実上含まれていません．手順を標準化せよと要求しますが，その手順の具体定内容は規定していません．目的に適合するように，必要に応じて，適切に定めることを要求しているだけです．

ISO 9001を有効活用するためには，マネジメントシステムを構成するプロセスで参照・利用されることになる知識・技術を充実し，必要なときにそれらの知識・技術を活用できるような仕組みを構築しておかねばなりません．そればかりではなく，知識・技術を向上させる仕組みを「改善」の一環として構築し運用していく必要もあります．

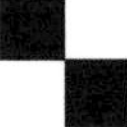

改めて，TQMとは

1 品質を中核に置いた経営：TQM

TQMとは，「顧客の満足する品質を備えた品物やサービスを適時に適切な価格で提供できるように，全組織を効果的・効率的に運営し，組織目的の達成に貢献する体系的活動」です．

したがって，TQMの目的は，

① 組織がその使命を果たし，競争優位を維持して持続的成功を実現するために，組織の提供する製品・サービスの価値が顧客およびその他の利害関係者に満足を与えることによって，組織の存在意義を高める．

② 組織は，効果的かつ効率的に組織の総合的なパフォーマンスを継続的に改善し，顧客およびその他の利害関係者のニーズおよび期待に応えて，高い顧客価値を創造していく．

ことにあります．このため，TQMは「品質を中核に置く一つの経営アプローチ」と位置づけることができます(**図表 17.1**)．

2 TQMの構成要素

TQMは，誤解 16 でも述べたように，

① 基本的考え方：品質，管理・マネジメント，人間尊重

② マネジメントシステムモデル：経営トップのリーダシップ，ビジョン・戦略，経営管理システム，品質保証システム，経営要素管理システム，リソース管理

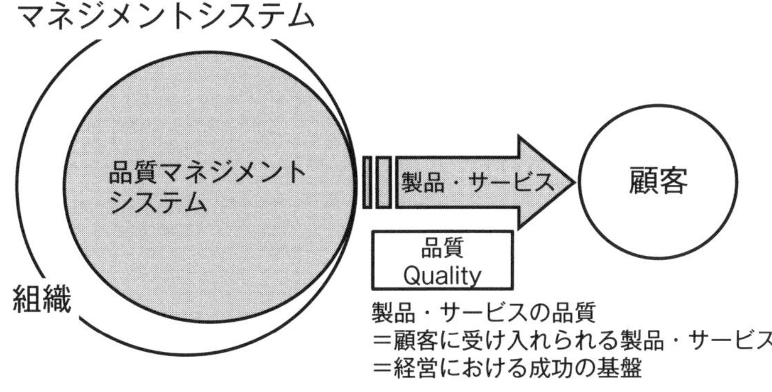

出典）　デミング賞委員会：「デミング賞実施賞が考える TQM モデル（しおり・手引き　別添資料）」，p.1，図 1
http://www.juse.or.jp/deming/　（2021 年 10 月 14 日閲覧）

図表 17.1　TQM における品質の意義

③　方法論・手法：QC ストーリー，Q7，N7，統計的手法，P7，S7 など

④　運用技術：導入・推進の方法論，組織・人の活性化，相互啓発，情報獲得

など，多様な側面をもつ要素から構成されます．

3　TQM による持続的成功

成熟経済社会においても有効な経営科学の方法論としての TQM のコアコンセプトは「ホンモノづくりによる持続的成功」であり，顧客に提供される製品・サービスは「ホンモノ」でなければなりません。ここでいう「ホンモノ」とは，「ニーズ」の把握においても，「技術」の適用においても，実現するひとの「こころ」においても，真っ当，正統という意味です．

- ニーズ：満たすべきニーズの充足
- 技術：超一流の技術，プロセスの適用
- こころ：心を込めて作り上げる一流のひと

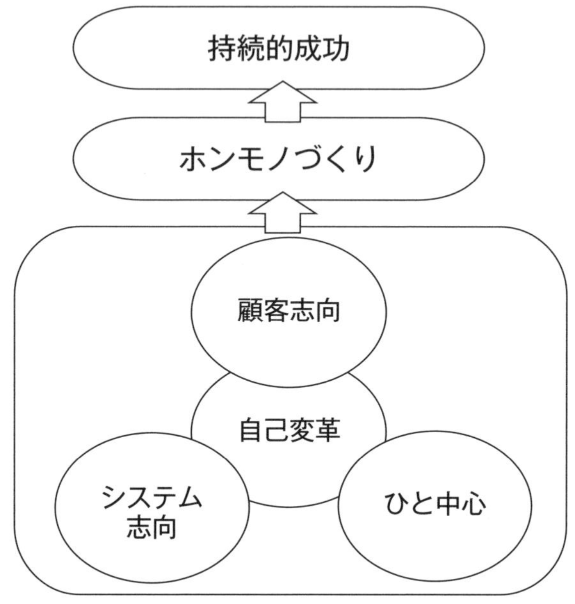

出典） デミング賞委員会：「デミング賞実施賞が考える TQM モデル（しおり・手引き別添資料）」，p.4，図 2
http://www.juse.or.jp/deming/ （2021 年 10 月 15 日閲覧）

図表 17.2 TQM の行動原理

こうしたホンモノづくりに必要な行動原理は，図に示すように顧客志向・顧客中心，システム志向・プロセス重視，ひと中心，自己変革で構成されています（**図表 17.2**）．

ISO 9001 から TQM へのレベルアップ

ISO 9001 から TQM へレベルアップするためには，**図表 17.3** に示す 4 つの段階的のレベルに基づいた QMS のモデルを構築することが重要です．このモデルのレベル 4 は，どのような経営環境にあっても，自らの組織の特徴（強み）を生かしつつ，顧客のニーズ・期待に適応した製品・サービスを持続的に提供し続けることが可能となる QMS モデルです．

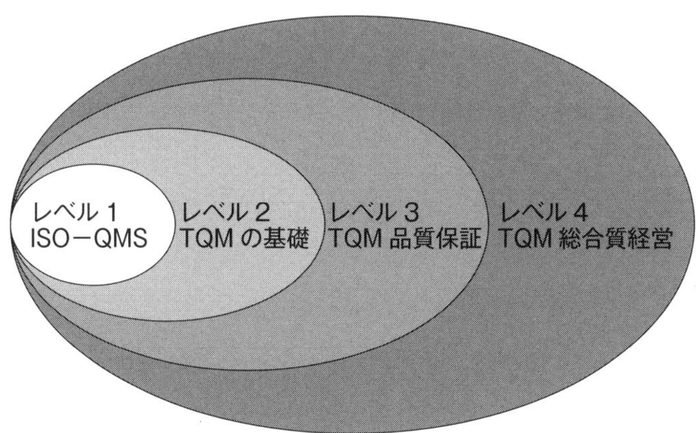

出典）　飯塚悦功監修，超ISO 企業研究会編著：『ISO から TQM 総合質経営へ—ISO からの成長モデル』，日本規格協会，2007.

図表 17.3　ISO 9000 から TQM への発展モデル(TQM 9000)

- レベル 1：ISO － QMS (ISO 9001 品質マネジメントシステム)
- レベル 2：TQM の基盤(TQM へのファースト・ステップ)
- レベル 3：TQM の品質保証(TQM へのセカンドステップ)
- レベル 4：TQM 総合質経営(JIS Q 9005 に基づく QMS)

誤解 18

品 質 管 理

品質管理って工場(製造)がやる活動ですよね？

現在では，品質管理の対象は，各種製品・サービスはもちろん，対象部門としても製造現場である工場，その上流である企画・設計開発部門，下流である保守，アフターサービス部門など広く行き渡っています．

しかしながら，例えばQMSの導入，展開がISO 9002(製造のみを対象)からISO 9001へ移行，拡大された例などにも見られるように，製造現場を中心とした品質管理があった主体であった時期もあり，現在でも「品質管理って工場(製造)がやる活動ですよね？」といった誤解が未だに見られるのも事実でしょう．

この誤解を解くために，まず品質管理の本質を端的に述べたあと，その本質に照らして，品質管理が歴史的に今日までどのように発展し，その概念，適用対象，側面，手法などをどのように拡大してきたかを示します．その中で本誤解がどのように生まれたのかを解説したうえで，最後に品質管理を効果的に適用するための着目点について，考察します．

品質管理の本質

議論を進めるにあたり，最初に“品質管理の本質”を整理しておきます．

「品質管理」を端的にいえば「顧客の使用目的，要求や期待を，提供した製品・サービスがいかに満たしているかを管理すること」であり，文字どおり「品質＋管理」です．

まず品質を議論するとき，その対象となる「顧客」と「製品・サービス」の2つを明確に認識する必要があります．つまり，「誰に」，「何を」提供しているかを明らかにすることが大切です．

「誰に」とは，まずは顧客のことでしょうが，その対象は，製品を使用する人，お金を払う人，どの製品がよいかを選択する人など，多様でいつも同じ人物であるとは限りません．また地域社会，世間の関心事にも注意を払うなど，多様な顧客の異なるニーズを認識しておくことが必要です．

さらに，製品・サービスの提供は，組織内の「いくつかのプロセス」に基づきアウトプットされるわけであり，「後工程はお客様」，「内部顧客」という概念も忘れてはいけません．

「何を」についても，すぐに製品・サービスそのものを，お客様に提供していると考えがちですが，本当に提供しているのは，その製品・サービスの提供の先にあるもの，すなわちその製品を顧客が使用することによって得られる目に見えないものを含むメリット，有効性の提供であり，「顧客価値」の提供といえます．

一方，管理を議論するとき，大切な対象としては，高品質な製品のため必要とされる製品固有の技術(固有技術)と，その固有技術を有効に活用して組織運営する管理技術の2つに分けて考えられます．これらが揃って初めて高品質な製品を安定的に顧客に提供できます．

特に，管理技術の意義・効用は，ある目的達成を効率的に継続的に実現するための手段の提供であり，仕事の質そのものにつながるものです．すなわち，普遍性があり，製品実現のためのすべてのプロセスに関連する組織の全部門に関係するものです．

各部門，各階層が「全員参加」で顧客価値をしっかり認識したうえで管理技術を徹底することが，固有技術を100％有効に活かすことにつながります．

このように，誰に何を提供するのか，管理の対象は何かを明確にすることにより，品質管理の本質がより深く理解でき，具体的に適用することができます．

ここで，本誤解のテーマ「品質管理って工場(製造)がやる活動ですよね？」に立ち返り，品質管理の対象，特徴を整理すれば，次のようになり，これらを理解すれば誤解の解消につながるのではないでしょうか．

- 顧客の概念から本来の外部顧客に加えて“内部顧客”も対象となる．
- 管理技術の意義・効用は，ある目的達成を効率的に継続的に実現するための手段の提供であり，仕事の質そのものにつながる．
- 品質管理の活動は，工場・製造現場に留まるものではなく，品質機能となる製品・サービス実現のための市場調査，研究開発，マーケティング，商品企画，設計・開発，製造・検査，サービス提供，調達，販売・付帯サービスなどの“一連のプロセス”全体が重要な対象となる．
- 工場・製造はその一部に過ぎず，重要なのは“顧客価値”の創造を中心に置き全社の各部門が“全員参加”で多様な顧客，異なるニーズに対して活動することが必要である．

以上で述べたような，品質管理の適用対象の拡大に関連するキーワード「内部顧客」，「プロセス志向」，「顧客価値」，「全員参加」などは，品質管理の変遷の歴史の中で発展してきた概念です．その歴史を少し振り返りながら，今回の誤解の背景・原因を，さらに探っていきます．

誤解の背景・原因

品質管理は，当初の「安かろう，悪かろう」の時代においては，不良品を単に取り除くための「検査を主体にしたもの」でした．その後，工業製品の大量生産化に伴い，1960 年代から品質管理の関心事は，モノの物理的，化学的性質が安定して設計仕様どおりにできているかに移りました．品質は工程の条件を明らかにしてデータに基づき現場・工程で作り込む考え方や，標準化，管理図，抜取検査などの統計的品質管理における手法などの進展・導入，さらに全員参加を志向したQCサークル活動などの人の重要性などの流れの中で，「品質管理の主な対象は，製品そのものであり，かつその対象部門は製品の製造工程に関する各現場」を中心とした活動として展開してきました．

1970年代に入りISO 9001の導入などもあり，管理対象の軸足は，その上流の設計・開発における品質管理に移ってきましたが，それでもまだ，多くの企業では製造工程の品質管理が主体でした．

このような状況・背景からも，品質管理の品とは有形のモノであり，「品質＝不良品がないこと」や，「その質とは設計どおりのモノができていること＝製造品質」といったような理解が支配的で行き渡ったことが，そもそもの誤解の原因と考えられます．

この誤解が解けてくるのは日本のTQCが世界的に脚光を浴び始める1980年代に入ってからですが，それでも，TQCブームに乗って品質管理に取り組む企業の多くが生産・製造機能を担う中小企業であったことから，「品質管理は製造部門の仕事」という誤解が，根強く残ったものと考えられます．

以下では，TQC（Total Quality Control：総合的品質管理）の特徴と，その目標達成のためには，「製造現場を中心とした品質管理活動」では限界があり，品質管理の機能，対象を発展・拡大させることが必要となった状況を考察します．

品質管理の変遷・対象拡大

1980年代ブームとなったTQCは，1960年代初めにその名称が使われ始め，1970年代に概念，方法論ともに大きな発展を遂げ，1990年代半ばにTQM（Total Quality Management）へと発展しました．1980年ごろまでにその思想と方法論の体系を整えたTQCの特徴を整理します．TQCの考え方は，「品質経営，全員参加，改善」に集約され，「品質を中核とした，全員参加による改善を重視する全社レベルの経営管理手法」ともいわれています．

組織の役割は顧客にその組織のアウトプットである製品，サービスを提供することであり，そのためには，そのアウトプットの品質を経営の中心に置くべきであること，さらにアウトプットの品質を確実なものにするためには，それを生み出す一連のプロセスの品質を各階層で高めることが必要であること，などの発想に基づいています．

また，TQCの「総合的」には次の3つの意味があります．

① 組織の全部門の参加

② 第一線の作業者，事務員および管理者に加えて経営トップを含むすべての階層

③ 品質を中心にしつつも，品質に留まらずコスト，納期，安全などのあらゆる経営目的

これらにより，品質機能の対象を拡大することで，製造部門以外も品質管理の対象としています．

以上のように，TQCの目的達成のためには，「従来の製造部門中心とする製品品質の管理」に限った活動では限界が生じ，管理対象を「生産準備，設計・開発，企画などの上流プロセスや，下流プロセスにある営業，保守などの部門」，また品質は「製品品質だけでなく業務の質を含め，コスト，納期，安全など」に拡大・発展させる必要が生じた歴史がありました(**図表18.1**)．

なお，TQCは，お客様，品質という概念のもと，経営における品質の重要性を組織の各階層で体系的に展開するための管理の概念や有効な方法論を提供していることが画期的でした．具体的には，今日当たり前になっているPDCAサイクル，プロセス管理，事実による管理，重点志向，源流管理，QCサークル活動などが導入され進展し，その有効性が実証されていることも付け加えておきます．

以上から「品質管理って工場(製造)がやる活動ですよね？」という誤解は，解けたのではないでしょうか．

以下では，品質活動の対象が広がることにより，「製造現場を中心とした品質管理活動」のみでは限界が生じ，いろいろな部門，業務でも活動が必要になった理由，および品質管理を効果的に適用するための着目点をさらに掘り下

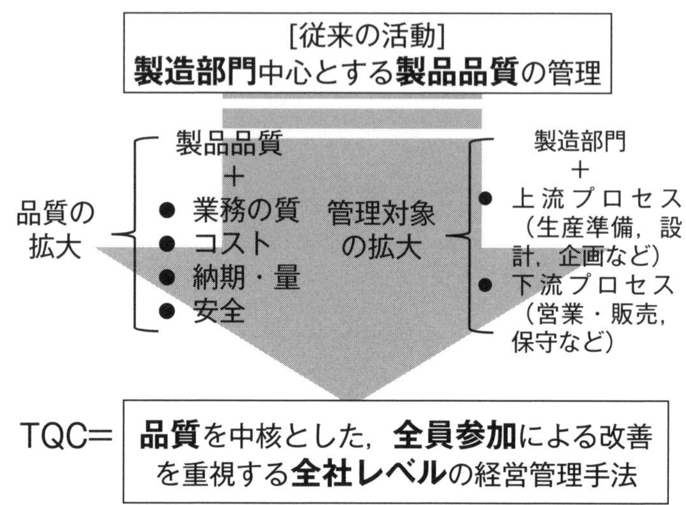

図表 18.1　品質管理の拡大・発展と TQC

げて考察するため，

- 品質の捉え方
- 仕事・業務の質
- 後工程はお客様

を取り上げます．

品質の捉え方

品質とは，「製品・サービスを通じて顧客に提供した価値に対する顧客満足の程度」といえるものです．品質を理解するうえで，まず，顧客の要求や期待に基づく製品・サービスの実現のための２つの側面を理解することが重要です．すなわち，「計画段階での品質」と「実施段階での品質」です．前者は「実施しようとしたこと(計画)が目的にどの程度合っているか」，後者は「現実に実施したこと(実施結果)が計画にどの程度合っているか」です．ものづくりにおいては，これらの品質の側面は，「設計品質」と「適合品質(または製造品質)」といわれています．顧客に満足してもらうためには，まず，顧客の要求が製品・サービスの設計にどれほど反映されているかの「設計品質」，次に，製品・サービスがどれほど設計の指示どおりに合致しできているかの「適合品質」の両者が必要です．

ここでは，品質の側面を単純化して 2 側面に触れましたが，例えば製品実現において「設計品質，適合品質」を中心に置けば，その上流には企画品質，下流には付帯サービス品質など，関連する一連のプロセスに品質機能があるわけであり，さらに広がった考え方があるのも当然でしょう．

なお，管理の視点からいえば，目的・目標が達成できなかった場合，まず，目的・目標を達成する手段・方法・仕様化など計画段階の問題なのか，または計画どおりに実施できなかった実施段階の問題なのかについて，どちらなのかを切り分け，それらの問題の原因究明をすることが効果的になります．

さらに，効果的な管理の側面から見れば，設計品質に代表される，いわば製造などの上流となるプロセスの「源流管理」が大切です．「源流管理」とは，下流ではなくできるだけプロセスの上流で管理することが有効であることを意図しています．すなわち，製品・業務の流れの上流にさかのぼって顧客満足の視点から後工程の結果を生み出す原因プロセスを掘り下げ管理することにより，問題発生の根本原因を源で抑えようとする考え方です．仏教の言葉である「因果応報」，発生する事象には必ず原因となる何かがある，という考え方にもつながるものです．後工程に行くほど大きな影響が出るため，現在では一連のプロセスの中で源流管理で抑えることの重要性が増しています．

以上のように品質の対象は，工場(製造)の現場に留まらず，すべての機能・プロセスであり，仕事の質そのものでもあることはおわかりのとおりだと思います．

仕事・業務の質

今までの考察の中でもあったように，品質管理は，品質の概念を，狭義のモノの質に留めず，あらゆる質を対象とし，拡大することによって効果をあげてきました．

特に，顧客価値経営の目的志向のもとでは，品質の対象を製品・サービスから，工程・プロセス，システム，業務，仕事，人，組織などに拡大させるとともに従来培った管理手法・改善活動を生かしながら発展したといえます．

理解を高めるうえでも，業務の質を前述の「計画段階での品質」と「実施段階での品質」にあてはめて考察してみるとわかりやすいと思います．業務手順に定められているとおりに実施したかどうかの程度である実施段階の品質と，業務手順が業務目的を達成できるものになっているかどうかの程度ある計画段階の品質があることをしっかり理解することが重要です．

ここでさらに付け加えれば，出発点である業務目的が重要となります．業務の質は，一連の各工程・プロセスの流れのアウトプットとして得られるものであり，各工程が，全体の業務の役割，目的のもと，自身の工程のアウトプットに何を要求，期待しているかを後工程の立場から検討し，自分が何をしなければいけないかの発想のもと行動すれば，それらが真の業務目標につながるはずです．この結果は，品質は各工程で作り込むことに他ならず，価値の提供先である後工程はお客様という概念にもつながることになります．

後工程はお客様

私の経験では「後工程はお客様」，「品質は工程で作り込む」は，1970年代ごろの工場の現場ではよく聞き，当時，現場では当たり前でよく認識されていました．その後，事務部門を含む全社的な大企業病対策のキャンペーンなどでも「後工程はお客様」が全社的にも使用されるようになったことを記憶しています．

品質を考える対象が，製品・サービスから，工程・プロセス，システム，業務，仕事，人，組織などに拡大する中，「後工程はお客様」の概念には，品質管理の主要な要素である1)顧客志向，2)プロセス重視，3)全員参加，4)改善が含まれています．

1)　顧客志向

品質とは顧客満足度が基本ですから，満足を与える対象は最終の顧客ばかりではなく，途中にある自分の仕事の結果の影響を受ける人々・後工程をも顧客対象と考えることは自然といえます．また，顧客の捉え方は多様であり，かつその発想が広がれば，顧客が具体的に誰であるのかを深く考える機会を与えることになります．その結果，組織内の前工程，後工程の関係，および直接的な顧客に留まらず，例えば，製品のライフサイクル的な視点，サプライチェーン，バリューチェーンのような一連の連鎖の発想につながっていきます．

2)　プロセス重視

「後工程はお客様」の考え方は，製品実現に関連する一連のプロセス，および業務の流れなどの一連のプロセスに着眼しており，プロセス重視の考え方ともいえます．それぞれが，自身が最もよく知っている自プロセス(工程)にフォーカスし，その品質(後工程に提供する価値)およびそのための管理要素(例えば，当該プロセスに関する，力量，手順，管理基準，設備など)を自身で明確にすることによって，当該プロセスの管理状況，良し悪しに対する問題意識を高めることに発展し，さらに改善活動にもつながります．

3)　全員参加

品質，顧客満足の概念が広がり，製品実現のために関与する人々が増えるにつれ，組織を構成するすべての要員が自身の立ち位置を認識し，組織全体のために，ある一定の役割を担うよう動機づけられることが重要となります．これにより，組織の要員のそれぞれが，組織全体の価値提供の連鎖の一員として組織運営に参画しているという意識につながります．組織全体として効果的でかつ効率的に目的を達成するためには一連の工程・プロセスに関与する全員参加が不可欠となります．

4)　改善

直接的な後工程を顧客と意識することにより，自分の仕事のアウトプットの質に対する自覚が高まり，結果として，作り込み段階の品質はもちろん，後工程の発生問題に対する原因を自らの仕事のプロセスの不備と捉え，これを改善していく改善意識を高めることとなります.

以上述べたように，よい製品を顧客に，よい仕事を後工程に届けるためには，すべての工程，階層の人たちが自身の仕事の責任を果たすことが必要となります．この出発点としては，組織の一人ひとりが，日ごろから身の周りの仕事・業務などに対して“問題意識，改善意識，管理意識”の流れをしっかり自覚することが重要です.

まとめ

以上,「品質管理って工場(製造)がやる活動ですよね？」という誤解の背景を明らかにするため，品質管理の変遷をたどりながら，品質管理とは何か，品質の対象は，管理の対象は，またこれらの概念や手法の拡大，発展経過を見てきました.

現在の品質管理の概念は，日常のあらゆる活動場面で，よい仕事・活動成果を得るための有効な手法として広く活用されています.

これまで述べたものづくり分野だけでなく，スポーツの世界でも例外ではありません．思い起こせば，日本で開催された「ラグビーワールドカップ 2019」において，日本代表チームは一体となり強豪国に勝利し，決勝リーグへの進出を果たし，日本国中に歓喜をもたらしました．当時のマスコミなどでは，2015 年のイングランド大会での「ブライトンの奇跡」(強豪国の南アフリカに勝利)から，2019 年の東京大会での「大番狂わせ」(強豪国のアイルランド，スコットランドに勝利)につながっていた，と報道されました.

この「奇跡から大番狂わせ」に至った飛躍の根底には，試合(現場)で勝つための，以下に示すような品質管理の概念に基づく，多くの努力と手法があったと伝えられています.

1）　目的志向，顧客価値

勝利(顧客価値実現)という目的志向の中で，全体としての質の追究に向けた統制的な管理手法ではなく，個の尊重に基づいた「チーム」と「個」の調和による管理手法.

2)　プロセス志向，PDCA サイクル，改善，全員参加

日本ラグビー強化のためのヘッドコーチ，選手などの人材を含む組織体制，戦略などの立案設計，試合管理，データ収集・分析など，いわばよいサービスを提供(よい試合を行い勝つ)し，よい仕事をするための基本となる管理的手法.試合(製造現場)のみではよい仕事の達成はできないため，試合(製造現場)の前工程での勝つための各種戦略の立案，設計など，および後工程での試合結果のデータの分析 / フィードバックなどの一連のプロセスの重視，さらにデータに基づく管理，自律に基づく管理，および全員参加，重点志向の考え方など.

特に，ラグビーでは，その精神として「All for One」,「One for All」の言葉がよく使われており，自身の立ち位置，役割をしっかり理解し，「チームと個」の一体化のもと，目的志向で行動することの重要性を示唆しています．この目的志向の考え方は，品質管理の基本思想と共通するものでしょう.

品質管理の基本となる思想が，日常の活動，仕事に，より身近なものとしてさらに生かされることが望まれます.

誤解 19

品質保証部門の主な業務は「検査」と「クレーム処理」だよね

はじめに

本誤解では，「品質保証部門に期待されている主な業務は，要するに「検査」と「クレーム処理」の2つだ」，という考え方の是非について検討します．品質保証部門の中心的活動が，「①顧客に仕様どおりの製品を提供すること」と「②提供した製品に問題があった場合の対応」にある，と考えて間違いはないでしょう．そしてもし，①の「仕様どおりの製品の提供」のための主たる活動が「検査」であり，また②の「問題があったときの対応」の中心が「クレーム処理」であると考えるならば，品質の主管部門としての主たる業務は「検査」と「クレーム処理」ということになります．

このような考え方は正しいように思えます．また，多くの企業の品質保証を担う部門の方々もそう考え，検査とクレーム処理が業務の大半を占めているという実態を反映しているではないかと思います．しかし実は，これが大きな誤解なのです．そのことを以下で明らかにしていきます．

「検査」と「クレーム処理」だけで品質保証できるか？

まず,「検査」と「クレーム処理」が品質保証部門の必要不可欠な業務であるという考え方については，否定できないでしょう．必要不可欠ではあるのですが，品質保証部門の業務としてこれだけで十分なのかということについては検討する必要がありそうです.

そこで,「検査」をきちんとやって不良品は顧客には提供せず，顧客に迷惑をかけることはなく，もし万一「検査」ミスなどで不良品が顧客にわたってしまっても，すぐに顧客に謝って代品に取り換えるなどの「クレーム処理」を迅速・的確に行っているある会社を例に考えていきます.

まず，検査で品質保証しようとするなら，品質保証すべきすべての特性・特徴を検査で判断することができなければなりません．それらの特性を明確にできて，しかもそれが妥当であるとして，検査だけで完全に品質保証しようとするなら，全数検査をしなければなりません．ところが保証特性の中には，例えば破壊検査に頼らざるを得ない場合などのように全数検査の対象にできないものもあります．実際，寿命や耐久性などについて全数検査したら顧客に提供する製品がなくなってしまいます．抜取検査するにしても膨大な時間がかかり現実的ではありません．代用特性で品質保証するになりますが，それで本当に品質保証したことになるかどうか，かなり周到に検討しなければなりません.

いずれにしても，検査で品質保証しようとするなら，特性・特徴が検査基準に適合することが顧客のニーズ・期待に応えることになることの確証がなければなりません．十分な検討を経て妥当な検査特性を定めることができたとしましょう．この検査をしっかりやることで顧客への不良品流出を最小限に抑えることはできるでしょうが，検査での不良率が高い場合，不良による損失コストが莫大となり収益を圧迫しかねません.

したがって，その検査不良を減らすためには，製造された製品を検査するだけでは不十分で，その製品を作るための製造方法・条件に目を向けて，不良発生の原因の特定と適切な対策を実施する必要があります．つまり，製造という品質機能が適切に運営され，果たすべき役割を担っているといえるかどうか確認する必要があります．これが「(製造)工程で品質を作り込む」という考え方につながります．不良品を作って検査で検出するより始めから良品を作ればよい，というわけです．

これができてもまだ不十分です．検査の基準は妥当なのかということです．製造工程を管理し，また必要な検査をして不良品を除去して「良品」のみを顧客に提供することができていたとしても，その「良品」の基準が顧客のニーズ・期待から乖離しているかもしれません．その場合，たとえ製造工程で不良がゼロであっても，顧客の基準からいえば山ほどの不良を作っていることになっているかもしれません．

市場での使われ方，本当の意味での顧客ニーズ・要望に適した製品になっているかを調べる必要もあり，その意味で「製造」よりも上流にある品質機能の「設計」，「企画」に着目する必要もあります．

以上からわかるとおり，「顧客に仕様どおりの製品を提供すること」の実現には「検査」だけでは不十分で，マーケティング，R & D，企画，設計，購買，製造など，いわゆるバリューチェーン全体を管理しなければなりません．

「クレーム処理」についていえば，個々のクレームに対して迅速，的確，誠実に対応していても，その後も同様なクレームが絶えないとすれば，会社として品質保証上の問題があるはずで改善の余地があります．製品・サービスに固有の組織として保有すべき固有技術に不十分な点があるのかもしれません．それらの固有技術を活用し品質を保証できるマネジメントシステムとして不備があるのかもしれません．

したがって，個々のクレームへの対応を超えて，発生するクレームの数々を集計・分析し，その発生状況の特徴から，クレーム発生につながる諸々の原因を明らかにし，品質保証体系のどこにどのような問題があるかを探り，再発防止策・未然防止策を検討・実施する必要もあります．つまり，「問題があった場合への対応」には，個々のクレームへの的確な対応ばかりか，同様なクレームを繰り返し生み出してしまった品質保証体系の改善も必要です.

このように,「検査」と「クレーム処理」は確かに品質保証部門が主管となる業務であり，品質保証に欠かせない活動ではありますが，それだけでは，顧客の満足する製品を継続的に提供できる保証はないのです．以下では基本に戻って,「品質保証」の意味から考えてみましょう.

「品質保証」とは

「品質保証」という用語がどのような意味であるかについては，誤解4(みんな編)において説明されています．ここでは多少の重複をお許しいただいて，再確認しておきます.「品質保証(Quality Assurance：QA)」の国際的な定義は,「品質要求事項が満たされるという確信を与えることに焦点を合わせた品質マネジメントの一部」(JIS Q 9000：2015　3.3.6)となっており,「仕様どおりの製品サービスの提供を請け負うこと」です．“仕様どおり”ということですから，国際的な定義では，“品質確約”という程度の狭い意味と理解されています.

実際，JIS Q 9000の以下の記述からわかるように,「品質保証」は，広い意味の「品質マネジメント：quality management」の一部です.

> 品質マネジメント：quality managementには，品質方針及び品質目標の設定，並びに品質計画，品質保証，品質管理及び品質改善を通じてこれらの品質目標を達成するためのプロセスが含まれ得る.
> (JIS Q 9000：2015　3.3.4の「注記」)

この定義を式で示すと，誤解4(みんな編)でも説明されているように,

品質マネジメント：quality management

　＝品質方針および品質目標の設定

　　＋品質計画(quality planning)

+品質保証(quality assurance)

+品質管理(quality control)

+品質改善(quality improvement)

となります.

一方, 日本流の考え方(定義)では, 品質保証とは「顧客・社会のニーズを満たすことを確実にし, 確認し, 実証するために, 組織が行う体系的な活動」(JSQC-Std 00-001 : 2018「品質管理用語」)とされています. いずれにせよ, 日本的な意味での「品質保証」とは,「お客様が安心して使っていただけるような製品・サービスを提供するためのすべての活動」を意味し, それは「品質管理の目的」であり,「品質管理の中心」ともいえるでしょう.

日本的な意味での品質保証をするためには,「品質は工程で作り込め」, すなわち「検査で不良品の出荷・受け入れを減少させるのではなく, 工程(プロセス)を解析し, 望ましい結果となるようなプロセス条件を決め, これを維持するように管理し, もし不具合が発生したらプロセスを改善する」という考え方を適用することになります. ここでの「工程」とは, 日本の品質管理の発展緒初期段階である 1960 年半ばくらいまでは製造工程を意味していましたが, その後は量産準備, 製品設計, 企画・開発のプロセスを意味するようになりました.

ちなみに, 今は昔, 私が会社(非鉄金属加工メーカー)に入社したときには, 製造部の中に「検査課」という名称の部門はありましたが,「品質保証」という名称の部門はありませんでした. それからかなり経って, 重大品質問題への対応として初めて「品質保証」という名の部門(課または部)が, 全社一斉に誕生し, 日本的な意味での品質保証をしていくような大きな変化がありました.

品質保証活動の要素

次に,「品質保証活動の要素」を分解すると, 誤解 4(みんな編)で説明されているように, 以下のような活動から構成されていることがわかります.

① “はじめから”品質のよい製品・サービスを生み出せるようにすること
そのために，以下の1)～4)を実施します．
1) 手順を確立する(顧客満足が得られる品質達成の手順の確立)．
2) 手順が妥当であることを確認する(手順どおりの実施で顧客満足の品質達成かの確認)．
3) 手順どおりに実行する(手順どおりの実施，実施されてない場合のフィードバック)．
4) 製品・サービスを確認する(製品・サービスの品質水準の確認，未達の場合の処理)．
② “もし不具合があったら”，適切な処置をとること．
そのために，以下の1)～2)を実施します．
1) 応急対策(クレーム処理，アフターサービス，製造物責任補償)を実施する．
2) 再発防止策(品質解析，前工程へのフィードバック)を実施する．

これだけ広範な活動のうち，上記①の4)「製品・サービスを確認する」が「検査」に該当し，②の1)「応急対策」の一つが「クレーム処理」なのです．

その意味で，品質保証部門の重要な業務に「検査」と「クレーム処理」があるのは間違いありません．しかし注意しておかなければならないことは，上記①の1)～3)の要素，すなわち「手順を確立し→手順の妥当性を確認し→手順どおりに実行するという」という点もまた「プロセスで品質を保証する」という視点で欠かせないということです．また同様に，②の2)「再発防止策」もまた重要で，これは安定的・継続的な品質の維持向上に欠かせない品質保証機能となります．

「品質保証」とは，上述したように「初めからよい製品・サービスを提供すること」と，「もし不良品が市場・顧客に渡ってしまったら的確な対応をする」という2つの活動からなっています．それらの活動の全体が品質保証活動であり，検査やクレーム処理などの業務に加えて，品質保証体系の管轄・監視，支援・調整・推進なども担っています．これらすべての活動を担当し，または旗を振り，管理し，推進していく役割を担うのが品質保証部門なのです．

改めて，品質保証部門の役割とは

「品質保証部門の役割」について改めて整理すると，**図表 19.1** となります．

品質は，当然のことながら，全社の各部門に関わります．通常の組織は，設計，生産(製造)，販売といった機能的組織形態をとっていることから，これらの組織を品質という観点で横断的に運営する仕組みがないとうまく機能しません．そのための活動が，図中の「②品質問題の全社的調整」であり，さらに，それを進めて，図中の「③全社的品質保証体制の充実」や「④経営陣のブレーンとして」の活動も，品質保証部門の役割となります．

品質保証のための組織として，多くの企業に品質保証部門が設置されています．企業の規模などによっては，独立した品質保証部門はなくて，製造(または営業)部門の一部あるいは製造(または営業)部門の人が兼務の形で，その機能を果たしている場合もあるでしょう．

図表 19.1 の①～④のうち，「①(狭義の)品質保証活動」は，どの企業でも間違いなく品質保証部門(またはその機能を含む部門)で実施されていると思いますが，②～④についてはいかがでしょうか？　①の日常的な実務に追われて(あるいは，それを口実にして)，重要である②～④がなおざりになっている企業も見られます．このような弊害を防ぐためか，②～④の役割を担う部門として「品質管理部」というものを設け，①を主に担当する「品質保証部」から独立させている企業もあります．

企業によっては，この「品質管理部」と「品質保証部」の名称と担当業務の関係が逆転している場合もあります．ですから，品質保証関係の部門については，それぞれの企業で「どのような具体的な業務を担当していますか？」と聞くことが欠かせません．

図表 19.1　品質保証部門の役割

① （狭義の）品質保証活動
- クレーム処理
- 試験設備管理
- 検査業務
- 品質監査の企画・実施
- 品質報告書などの発行

② 品質問題の全社的調整
- 各部門間にわたる品質問題に対する調整
- クレーム処理についての全社的調整
- 品質会議の主催
- 全社重要品質問題解決に関わる調整

③ 全社的品質保証体制の充実
- 品質保証規定の改廃の起案
- 品質保証体制の整備・推進
- PLP（製造物責任予防）体制の整備・推進

④ 経営陣のブレーンとして
- 品質方針の起案
- 経営陣に対する品質状況の報告
- 年度品質保証計画の起案

機能別管理（経営要素管理）と品質保証部門

多くの企業では，品質，コスト，納期，安全，環境などの機能（管理目的，すなわち経営要素）を軸とした，部門をまたがるプロセスがあると考えて，このプロセスを全社的（または全事業部的）な立場から管理する仕組みとして，機能別管理(経営要素管理)を行っています．通常は，この機能別管理(経営要素管理)を主管する部門を設け，また会議体・委員会を設置して，QCDSE などの経営要素に関わる部門横断管理を行うようにしています．

品質保証部門は，品質保証活動の事務局として，各部門における品質保証活動の推進を支援し，品質保証に関わる全社的な課題・問題を明確にし，その解決を図るために設置されます．組織上は，中央集権的組織では社長直轄や事業部長直轄，技術・生産と販売の責任が分かれている場合には工場長または生産部長直轄にしていることが多いようです．

図表 19.1 に品質保証部門の役割を示しましたが，このうちの全社的調整のあための会議体・委員会の運営について補足しておきます．多くの企業では，月に 1 回程度の「品質会議」を開催している場合が多いでしょう．ここでは，定例的な全社品質状況の報告と対応策案，品質保証体制に関わる課題と対応，個別の全社的重要品質問題の状況と対応などが議論されます．会議においては，全社的見地から問題・課題を捉えることと，それを受けて各部門が実施すべき事項を明確にすることが大切です．全社各部門に横断的に関わる品質保証上の特定重要課題については，委員会を組織して問題のありかを明確にし，対応策を検討することも行われます．ここでも，問題を全社的見地から把握することと，解決に向けての各部門の役割を明確にすることが重要です．

品質保証部門が果たすべき役割

私が務めていた会社(非鉄金属加工メーカー)では，図表 19.1 の②〜④の役割に，全社的な品質管理教育実施の役割などを付加した形の組織として「品質管理推進室」という全社横断部門があり，これとは別に各事業部にそれぞれ，「品質保証部門の役割」の①に ISO 9001 認証取得・維持関連の業務を付加した「品質保証部」という部門がありました．

私自身は，最初は事業部(工場)の品質保証部門で，検査やクレーム処理に追われていました．その後，全社横断的に品質機能を果たす「品質管理推進室」

に異動し，以前に比べ時間的，組織機能的に恵まれたこともあり，②〜④の役割を果たすことができました．参考までに，当時の全社の組織図を**図表 19.2**に示します．

図表 19.1 に示した「品質保証部門の役割」に照らせば，具体的には，以下のような役割を担っていました．

② 全社的品質課題の調整・推進：

- クレーム削減のための営業・技術(開発)・製造・物流などの部門横断チーム活動の企画・推進

③ 全社的品質保証体制の充実：

- 全社 PL (製造物責任)規定の制定と PL 委員会の立上げ・運営

④ 経営陣のブレーンとして：

- 材料ロス削減というトップの意向を受けての全社小集団活動の企画・立案
- 全社各事業部への「品質コスト」算出・評価システムの企画・立案

そのときに役に立ったのは，入社して最初に経験した「検査」や「クレーム

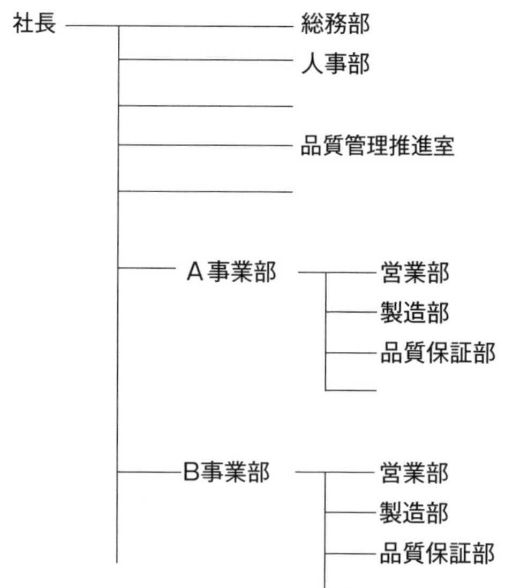

図表 19.2　私が勤務していた会社の組織図(一部)

処理」の現場での苦労でした.「品質管理」というものが，理論的な学問というより，実業の世界での問題解決の実践を踏まえた体系だからだと思います.

それらの経験を踏まえて確信できることは,「検査」や「クレーム処理」といった，待ったなしの迅速・的確さを要求される実務に追われる人とは別に，それらの品質保証の基本を踏まえて，全社的に品質を向上させるために何をすべきかを考え，行動する人材が必要だということです．特に中小企業の場合は，そのような人材を確保することが困難なので，トップ自身が考えるしかないのかもしれません．ISO 9001 に基づく QMS の認証審査では，現実にそれを考え，実行している経営者に出会うこともあります.

このような機能の一部は，JIS Q 9001 の 2015 年改正版では要求事項からは外れましたが，2008 年版以前の「管理責任者」の機能に含まれていました．実際，2008 年版には「管理責任者」の「責任及び権限」(JIS Q 9001：2008 5.5.2) として，以下のように項目が規定されています.

- 品質マネジメントシステムに必要なプロセスの確立，実施および維持.
- 品質マネジメントシステムの成果を含む実施状況および改善の必要性の有無についてトップマネジメントへの報告.
- 組織全体にわたって，顧客要求事項に対する認識を高める.
- 品質マネジメントシステムに関する事項についての外部との連絡.

まとめ

本誤解の背景には，顧客が要求する製品・サービスを提供するという組織にとって最重要な課題に追われる毎日において，目先の活動に汲々としてしまい，全社を俯瞰して品質保証の戦略を考える人がいない，という現実があります．そして，以下の①～④の誤解が生まれます.

① 仕様どおりの製品の提供のための主たる活動は「検査」であり，問題があったときの対応の中心は「クレーム処理」と考えているので，品質の主管部門としての主たる業務は「検査」と「クレーム処理」と考えることに

なる.

② 品質保証の方法論として「検査」を中心に考えるのは，品質保証(＝顧客ニーズに適合する製品・サービスの確実な提供)のために，企画，設計・開発，製造のプロセスの管理にまで思いが至らない.

③ 問題があったときに，「クレーム処理」，特に「応急処置」を中心に考えるのは，顧客の不満の解消のための対応に関心の中心があり，再発防止・未然防止(＝品質保証システムの改善)の必要性にまで思いが至らない.

④ 品質保証部門の役割として，品質に関する全社的な調整，品質保証体制の確立，経営陣のブレーンが重要であることに思いが至らない.

上記のような誤解の背景を踏まえて，本章の“結論”としては，以下のように考えます.

「品質保証部門の主な業務は「検査」と「クレーム処理」だよね」は大きな誤解であり，「品質保証部門の主な業務は，「検査」と「クレーム処理」だけではなく，全社的な品質保証活動の企画・調整・推進の機能が重要」なのであり，そのような機能を，考え・実現する人材を確保し，育成するか，経営者自身が実施することが，組織を挙げて品質を高めるために必要です.

誤解 20

しっかり標準化して みんなで守っているから 日常管理はばっちりです

ある経営者との話

ある企業(以後A社と呼びます)に行き，そこの経営者に「ISO 9001をやってよかったことは何ですか？」と聞いたところ，「業務の手順を標準化して，これをしっかりと守ることが習慣化して，日常管理ができるようになりました」という返事が来ました．さて本当に日常管理がしっかりとできているのかな，と思って現場や業務実態を見ましたが，少しがっかりしました．どうやら，ISO 9001を導入することで日本の企業にとって得意でなかった文書による標準化が進み，みんなでそれを守ることでばらつきのない仕事ができるようになったことだけで日常管理ができるようになった，と誤解をしているようなのです．

これは，ISO 9001に限らず，結構多く経験することです．確かに，標準化とその遵守が進んだことだけでも大きな成果であることは間違いないのですが，これは日常管理の一部だけであり，これでは日常管理の真の意味を理解しているとはいえないのです．例えば，作成した標準が業務目的達成のために合理的なものでないと，期待する業務パフォーマンスは得られません．標準が妥当なものであったとしても，それを使う業務担当者が内容を理解し，そのとおりに実施することはそれほど簡単なことではありません．標準は日常管理の業務目的達成の手順・方法を定めるものですが，肝心の業務目的の達成レベルは把握できているのでしょうか．もし問題があった場合，どのような対応をとることになっているのでしょうか．

日常管理のために整備しておかねばならない仕組みは，「毎日やっている仕事をいつものようにできるようにするだけのことだ」と軽く考えてよいものではないのです．

日常管理とは

まず，「日常管理」とは何をすることか，その意味を確認しておきましょう．JSQC-Std 32-001：2013「日常管理の指針」では次のように定義されています．

組織のそれぞれの部門において，日常的に実施されなければならない分掌業務について，その業務目的を効率的に達成するために必要なすべての活動．

そして，注記として，次のようなことも書かれています．

「日常管理は，各部門が日常行っている分掌業務そのものではなく，行っている分掌業務をより効率的なものにするための活動である．」

すなわち，日常管理とは，日常行っている業務目的をより効率的に達成するための，標準化を基礎とした「改善」を含む活動なのです．

それでは，その活動が実際にはどのようなものかということについて，ざっと説明をしましょう．

日常管理とは，「業務目的を効率的に達成するための活動」ですので，当該業務の目的を明確にすることがそのスタートとなります．このとき，目的の達成状況と達成効率を判断する尺度も決めておきます．そして，その目的を効率的に達成するための手段・方法を明確にして，これを，例えば作業標準書，設備管理標準書のようなものに標準化しておきます．

次に，標準化した作業方法を確実に実施できるようにするために，従事者，設備・監視(計測)機器，材料などの準備をします．期待するレベルの作業を確実にしてもらうために従事者への教育も必要です．設備・機器類を期待される状態に維持しておくことも必要です．

そして，実施した結果，業務目的が期待された効率で達成されているかどうかを，最初に決めた尺度で監視します．監視した結果に問題がなければ，標準どおりの仕事を継続します．そして，目的が十分に達成されていない，またはこのままいくと達成されそうもないと判断されたときには，その結果や判断に応じた処置をとります．処置の内容としては，発生した望ましくない状況の解消，その事象の影響拡大防止，想定される望ましくない状況の回避・解消，さらには今後の日常業務においての再発を防止するためのプロセス改善などがあります．対応のためには，問題発生の原因を調査して真の原因を突き止める必要があります．

これらが，日常管理活動の概略です．私が，A 社の業務実態を見て，経営者の言葉に首をかしげたのは，業務目的の達成具合の監視と，これを契機とした改善活動が十分に行われていなかったからなのです．

日常管理の PDCA サイクル

さて，前節の日常管理の業務を読むとお気づきのように，日常管理の活動とは，業務目的をより効率的に達成するための，Plan (計画)，Do (実施)，Check (チェック)，Act (処置)の PDCA サイクルを回す活動ともいえます．

この PDCA サイクルは，さまざまな場面で活用されますが，誤解 11(みんな編の図表 11.3)で説明したように，PDCA のそれぞれを 2 段階で実施するととても効果的に回せます．これを，日常管理にあてはめてみると，次のようになります．

❶ Plan（計画）

P1：目的，目標，ねらいの明確化

① 分掌業務の内容（入力，出力）の確認

② 分掌業務の目的

- 業務の機能展開－目的の分解，手段への展開

③ 管理項目，管理水準（目標），確認サイクル

- 業務目的の達成状況を判断し必要なアクションをとるための尺度
- 目的尺度と効率尺度

P2：目的達成のための手段・方法の決定

④ 目的を達成するための手段，手順－プロセス条件の最適化

- フローチャート，マニュアル（規程，標準書，要領など），帳票
- 手順実施の前提要件の整備：従事者の資格，教育・訓練，部品・材料，設備・計測器の保守など

❷ Do（実施）

D1：実施準備・整備

⑤ ④で規定された従事者，部品・材料，設備，計測器についての要件整備.

D2：実施

⑥ ④で規定された手順に従って実施.

❸ Check（チェック）

C1：目標達成に関わる進捗確認，処置

⑦ ⑥の結果を③で規定された管理項目で把握，管理グラフなどに記入.

⑧ ③で規定された管理水準内にあれば⑥を継続.

C2：副作用の確認，対応

⑨　対応すべき何らかの望ましくない状態が起きていないか確認.

 Act（処置）

A1：応急処置，影響拡大防止

⑩　管理水準外なら，しかるべき応急処置

- 迅速・正確・誠実. 異常現象除去，影響拡大防止

A2：再発防止，未然防止

⑪　管理水準外となった原因究明に基づく対応

- 管理項目，管理水準(目標)に問題：③に戻り，設定方法の改善
- 手段・方法に問題：④に戻り，プロセス条件の改善
- 実施段階に問題：⑤，⑥に戻り，しかるべき対策

⑫　慢性的問題への対処

- 月次(または四半期，半期)で管理状況を把握し，必要なら改善活動を計画的に推進

この説明でおおよそご理解いただけるとは思いますが，上記の日常管理のPDCAサイクルを，ある自動車部品の製造会社J社の製造部門にあてはめた例を紹介します.

〈事例　J社の製造部門における日常管理のPDCA〉

①　Plan（計画）

P1：J社のある製造工程では，作業指示書や製品図面などに明確にされた要求仕様に合った製品を，生産計画で計画された納期どおりに，所定のコスト内で次工程に送り出すことが目的です. そして，この目的の達成具合を計る尺度を管理項目として，その管理水準(目標)とともに決めてあります.

P2：上記の目的を達成した製品を製造するためには，機械の準備・操作の方法や，運転中の監視方法など，各種の作業のやり方が標準書として決め

てあります.

② Do（実施）

D1：標準どおりの作業ができるようにするために，新しく仕事に就く人たちへの教育訓練と，このスキルが維持できるような教育訓練も実施しています．また，必要となる部品・材料，設備や測定機器などの資源も準備し，これがいつでも使用できるように整備がされています．

D2：これらの準備が整うと，あらかじめ作成された標準書に基づき実施します．

③ Check（チェック）

C1：J社では，Plan（計画）で目標の達成具合の尺度として決めておいた「出来高」と，この出来高に最も影響する「不良品発生の状況」を毎日確認しています．この確認頻度は日だけでなく，週や月で集計して，その傾向での確認もしています．

C2：異常は，監視対象としている出来高や不良率だけでなく，副作用がでることもあります．例えば，加工工程の後の「仕上げ工程の稼働率」などに悪影響をしていないかなども確認をしています．

④ Act（処置）

A1：J社ではあるとき，不良率が管理水準を超えました．原因は「機械の不調」によるものでした．まずは当該ロット製品の選別および手直しを実施し，さらにはその原因となった機械の停止と修理などの応急処置の実施をしました．また，すでに顧客に渡されてしまったものを含む周辺ロットの品質確認をして，回収の要否も判断しました．

A2：最後が再発防止対策です．このためには，不良を発生させてしまった機械故障の真の原因をつかまえて，仕組みの改善を含む対策を打ちました．今回は，十分な再発防止対策ができましたが，十分でないときは，重要問題として登録して計画的に改善が実施されます．

日常管理を効果的に行うポイント

前項では，日常管理のPDCAサイクルを，比較的わかりやすい製造業務を例に挙げて説明しましたが，これは，例えば，営業部門，物流部門や，購買部門，設備管理部門，品質保証部門，総務部門などの間接部門の業務についてもまったく同じです．このような直接および間接部門も含めて，日常管理を効果的に行うには，いくつかのポイントがあります．ここでは❶～❼までの7つのポイントを挙げて説明しますが，それは以下のような背景があるからです．

- 標準化は，目的達成のために繰り返し利用される手順・方法を定め関係者で共有する手段である．

  →まずは，業務目的を明確にすべき　→　❶業務の機能展開

  →また，目的達成度を把握する尺度が必要　→　❷管理項目の設定

- 目的達成手段としての標準は最適なものでなければならない．単に現在の作業を可視化し，標準化しても目的達成できない．業務を，インプットをアウトプットに変換するプロセスの連結で実施されると認識し，各プロセスについて妥当な標準を設定する必要がある．

  →❸プロセスネットワークの認識(プロセス間の関係の理解)

  →❹ユニットプロセスの管理

  →❺効果的な標準化

- 標準は守らなければ意味がない．だが標準の遵守を強制し，チェック／監視を強化しても無理がある．守りやすい業務環境作り，守れる標準が必要である．

  →❻効果的な教育・訓練の実施

- 日常業務の目的は継続的な目的達成にある．そのためには，目的達成の評価と未達の場合の改善が重要である．

  →❼再発防止，改善活動の推進

以下では，❶～❼のそれぞれのポイントについて解説していきます．

 業務の機能展開

そもそも，どんなPDCAであってもPlan（計画）の中身が肝心です．この設定の仕方次第で，PDCAのレベルが決まってしまうといっても過言ではないでしょう．日常管理のPDCAも同じです．各部門が果たす業務の目的が何か，そしてこれを達成するための手段は何かを明確にしておくことが重要です．さもないと何のために何をしているのか，実施している業務は意味のあることなのかよくわからなくなります．

業務目的が明確になったら，この目的の達成具合を測る尺度としての管理項目と管理水準も決定しておきます．これが設定され，どこかでチェックされないと，PDCAサイクルは永遠に回りません．

前述のＪ社の例では，製造業務のねらいとしては，「要求仕様に合った製品を，生産計画で計画された納期どおりに，所定のコスト内で次工程に送り出すこと」です．このねらいを達成するための手段は，工程に分解されて，それぞれの工程のねらいがQC工程表などに定められ，そして，その具体的な方法が作業手順書などに標準化されています．また管理項目としては，「出来高」，「不良率（数）」，「次工程の稼働率」などが設定されています．

このように，製造ライン業務での目的や手段，管理項目は，比較的設定しやすいのですが，間接業務の場合はなかなか難しく，そのために目的や手段を明確にせずに，結果として適切な管理項目が設定できずに，効率的な管理ができていない場合を往々にして見かけます．

このとき役に立つのが「業務の機能展開」です．これは，当該部門の業務分掌として定められている業務機能を目的として明確に認識し，この「目的」を達成する「手段」を明確にします．さらにその手段を目的としてこれを達成する手段を明確にすることを数段階展開して，業務全体を系統図として可視化していく手法です．展開にあたっては，業務機能の分解と，その機能を達成する

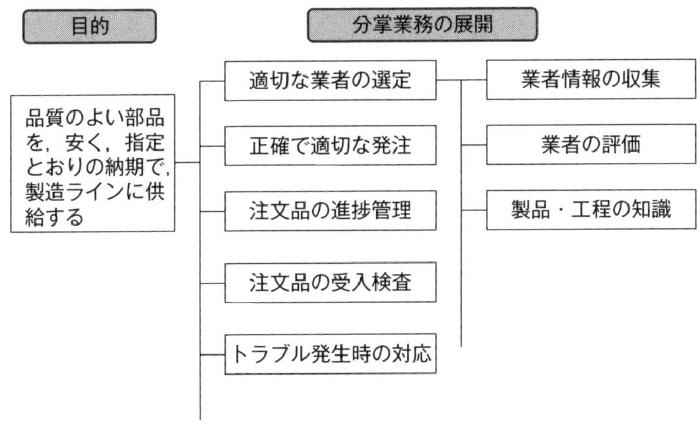

図表 20.1　購買業務の機能展開例

ための手段への展開という視点が有効でしょう．

J 社の購買部門の例を，一部紹介します．この会社の購買部門の主要な目的は，「品質のよい(製造工程で不良を出さない)部品を，安く(適切な価格で)購入し，指定どおりの納期で，製造ラインに供給する」ことです．

この目的を達成するための手段としては，「適切な業者の選定」，「正確で適切な発注」，「注文品の進捗管理」，「注文品の受入検査」などがあります．そして，この中の一つである「適切な業者の選定」するための手段としては「業者情報の収集」，「業者の評価」，「製品・工程の知識の熟知」などがあります．以下，「正確で適切な発注」などについても同じように展開していきます．ただし，これは一例であって，いろいろな展開の仕方があります(**図表 20.1**)．

このように，購買業務の機能展開を行うことにより，購買部門の目的を達成するための業務全体が見渡せることになり，もれがなく，ムダのない業務が遂行できるようになります．

2　管理項目の設定

適切な指標が定められていないと，業務がどのくらいのレベルで，どの程度進捗しているのか的確に把握することができず，適時適切な対応ができません．

効果的な管理項目の設定には2つの視点が必要です．第一は目的・目標の達成度合いの把握です．これには最終結果，中間結果，予測結果(このまま推移したらどうなるかの予測)があります．さらに，目的達成手段の実施状況や出来栄えの尺度の設定が有用なこともあります．

第二は効率を把握する指標の設定です．目的達成のためにふんだんにリソースを投入してよいわけではありませんので，工数，稼働率，生産性などを把握することもあります．

日常管理の管理項目を考えるときは，「仕事の成果は誰によるものか」という視点が大切です．例えば安全管理という業務を担当している部門があるとすると，この部門の業務分掌は，会社全体としての安全を達成するための支援，組織横断活動の促進，枠組み構築・改善，さらには不安全事象報告書の事務局，事故対応などが規定されているでしょう．こうした業務の目的達成度合いを測る尺度としては，休業災害発生件数を設定するかもしれません．しかし，よく考えてみると，この件数が減少しても，これは全社を挙げた活動の総合的な成果であって，当該部門の寄与はその一部に過ぎません．

このような業務には，他にも，品質管理，原価管理，生産管理，在庫管理などがあります．これらは一般には「主管業務」といっていますが，この種の業務の「出来栄え」を測るには，基盤構築，促進，支援の質を測るべきであって，安全，品質，原価，納期，在庫などの総合的な指標だけでは不十分なのです．日常管理では，全社の活動の成果が上がるように活動する「部門の貢献」を対象として管理項目を設定しなければなりません．

3 プロセスネットワークの認識

業務そのものを，「プロセス」として把握することも大切な考え方です．よい結果を得たければその要因系に着目するのが得策です．業務の結果は，業務手順，業務知識基盤などプロセスの質で大勢が決まってしまいます．

プロセスとは何か，これを端的にいうと，「インプットをアウトプットに変換する一連の活動」のことです．前述のJ社の例でいうと，製造部門の業務は，供給された材料や製造の指示情報などを「インプット」して，一連の製造「活動」を行うことにより，要求仕様どおりの製品を「アウトプット」するプロセスといえます．

そして，このプロセスについての考え方には，「プロセスネットワーク」と「ユニットプロセスの管理」の2つがあります．

「プロセスネットワーク」(**図表 20.2**)とは，1つのプロセスのアウトプットが，次のプロセスのインプットになるという関係に着目し，プロセス群が全体として業務目的に相応しいものかどうか検討します．すると，自分の業務の結果が，次の業務の効率や質に大きな影響を与えるということがよくわかります．一つひとつのプロセス(部門の業務)のアウトプットの良し悪しが組織全体の質や効率を左右するということになります．そして，1つのプロセスの結果の悪さが次々と影響して，大きな全体の損失につながることになります．日常の業務を行うにあたっては，常に「後工程はお客様」という考え方で行動をすることが基本です．

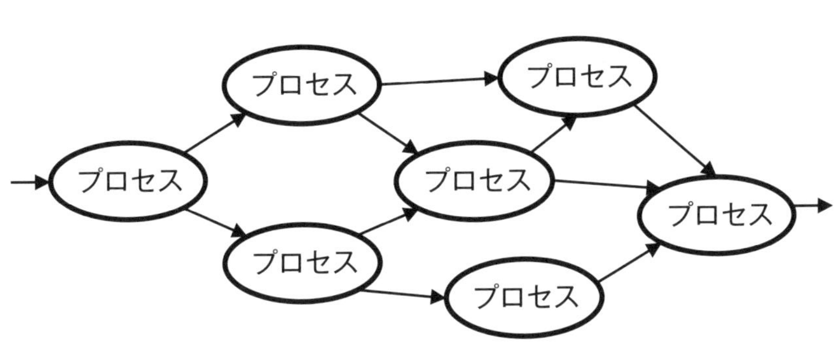

図表 20.2　プロセスネットワーク

ユニットプロセスの管理

もう1つ重要な考え方は「ユニットプロセスの管理」です(**図表 20.3**). これは，一つひとつのプロセスを構成する「活動」(一連の業務)と，これを行うための「リソース」を明らかにしたうえで，これらの活動の状況を把握して，所望のアウトプットを得るための「監視・測定」を行い，一つひとつのプロセスを管理していく，という考え方です.

例えば，製造というプロセス(製造工程)では，製造工程の作業の方法や管理を作業標準に定め，この標準に従って作業を実施し，さらに稼働中の設備機器類の状況を監視したり，中間品や完成品の「出来栄え」を測定したりしながらアウトプットを出します.

こうやって，すべての一連の活動(業務)をプロセスとして見なすと，望ましい結果を得るために何をすべきかということを，論理的に考察することができるようになります.

このように一連の業務をプロセスとして考えると，作業・業務標準の内容としてどんなことを記述すればよいかというと，基本的には前述した「活動」，

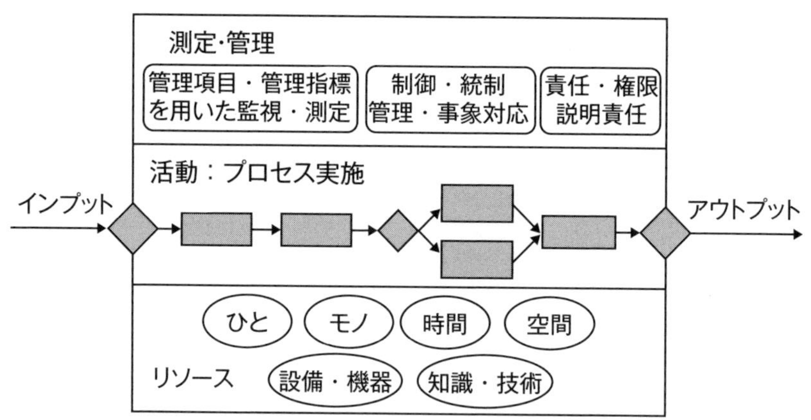

出典） 飯塚悦功：『品質管理特別講義 運営編』，日科技連出版社，2013.

図表 20.3 ユニットプロセス管理

「リソース」,「監視・測定, 管理・制御」のすべてが標準化の対象となります.

これを考慮すると, 製造業の場合の作業標準には, 個別製品の品質目標に適合させるための, 以下のような事項を含めた, すべてのものが記述されるとよいでしょう.

- 作業・業務の目的, 作業対象物, 使用材料・部品の指定
- 作業・業務の手順・方法(狭い意味での作業標準)
- 作業・業務従事者(必要な資格, 能力を含む)
- 作業・業務の場所や時期
- 使用する設備, 治工具, 金型, 補助材料など
- 品質基準とその計測, 判定基準
- 品質および安全上の留意事項
- 異常発生時の処置方法

5 効果的な標準化

しかしながら多くの製造会社は, 多品種の(場合により何千種類の)製品を扱っており, 現実的には, 全種類の標準書を作成するのは大変であり, 利用する側も使いやすくありません. そこでお勧めしたいのが, 2種類の作業標準を分けて作る方法です.

一つは, 製品ごとに作成する固有の標準書です. 例えば, 作業の順番とか, 使用する材料・部品の種類やその組合せ, 製品に固有の指示情報や装置・機械の操作方法などの標準です. 製品の種類別に作成することになりますが, これはいわば製品ごとの製作指示書といえます.

もう一つは, 製品の種類に関わらず共通な, 作業要素ごとのいわゆる「コツ」を標準化したものです. 例えば, 組立作業の例でいうと, 接着剤, ネジ合, 溶着, 仕上げ研磨のような要素作業を考えるとよいでしょう.

J社の例で説明すると, 前者のような標準は, ベテランでも必要なものであり, 作業台の上や機械に製品別の対応表を貼り付けておき, 必要に応じて現物

見本を現場に掲示しています．

後者のような標準は，ベテランには不要ですが，ベテラン以外はその作業につく前にスキル獲得の訓練が必要となるので，ベテランによる指導カリキュラムを設定してこれを利用して教育・訓練を行っています．

6 効果的な教育・訓練の実施

さて，どんなによい作業・業務標準がたくさん準備されていても，それが遵守されなければ「絵に描いた餅」です．これが守られるためには，当然ながら，まずは教え，それが身につくように訓練がされなければならないのですが，これもただやればよいというものではありません．肝心なことは「何のために」，「なぜそうしなければならないのか」という，その作業の目的とその根拠をしっかりと理解させることです．

J社では，このためには，訓練をするときには正しい作業方法をただ教えるだけでなく，やらせてみて，その結果を見ながら，それがどんなときに，どんな影響を製品に及ぼすのかを，不良の見本や写真，時には動画などを利用して，教え込むようにしています．また，当該作業に関連する過去のトラブル履歴を整理しておいて，これも参照しながら訓練しています．こうした訓練を通じて，なぜそうするか，そうしないと何が起こるか，望ましくないことを防ぐためのコツはどこにあるかを理解し，守らねばという気持ちにもなっていきます．

そのように考えると，作業標準書そのものに過去の失敗事例が記述されていると理想的ですが，少なくとも作業標準の改訂箇所と改訂理由を確実に記録しておくことにより，その情報を得ることもできるでしょう．また，職場ごとに過去の失敗事例を１カ月に１回とか定期的に確認をすることも有効でしょう．

7 再発防止，改善活動の推進

作業をする人は完璧ではありません．技術も日々進歩します．したがって，今ある作業標準書はもっとよい標準に改訂されていかなければなりません．それにもかかわらず，せっかく作った作業標準が何年も改訂されずにいるのをよく見かけるのは残念なことです．

このことを仕組みとして進めていく有力な方法の一つが「改善提案制度」です．改善提案制度は，現場の人々が，自分たちの仕事のやり方の問題点を探し出して，自主的に改善提案をするのが基本です．この活動の真のねらいは，改善がよどみなく常に行われて行くことによって，組織の活性化を図っていくことです．したがって，少数の成果の大きな改善が行われることよりも，むしろ1件1件の成果は小さくとも，現状の作業・業務の実態をよく把握して，ここを改善すると結果としてこんなことがよくなる，ということを継続することが大事なことです．すなわち，自分たちのやっている作業・業務の目的やその影響を考える回数を多くして，習慣づけをすることが肝心なのです．

改善提案には隠れた効果もあります．それは，提案をするためには標準をきちんと理解しなければならないということです．そうしないと改善の余地を見出すことができません．こうして，ごく自然に標準の根拠を理解し，同時に標準の不備や改善の余地も発見してもらえることになります．

質の高い効率的な作業というのは，標準どおりの作業の実施によって保証されます．したがって，常に合理的な作業・業務標準を維持することが重要です．そのためには，教育訓練をしてこれを徹底することだけでなく，標準に問題がある場合，あるいは改善の余地がある場合はそれを速やかに検討し，標準の改訂に結びつけることができるような仕組みを確立しておくことが必要です．そしてこの仕組みを運用することが，人々の意欲の向上につながり，なによりも組織の価値観として「正しい事を決め，共有し，それを守って，レベルの高い仕事をする」ことが確立され，それを基盤とした文化の醸成がなされていくことになります．

日常管理の基本は，よい方法を標準として定め，個々の業務を遂行するにあたり標準に定められたとおりに実施し，対応が必要な事象が起きたら小さなPDCAサイクルを回して当面の業務目的を達成し続けていくことにあります．標準化と標準の遵守が基本ですが，そもそも業務標準が業務目的を達成するための最適な方法であり，業務従事者がその内容を理解し，進んで遵守するようになっていなければなりません．さらに日常管理には，このような「維持」に加えて，機会を捉えて「改善」をしてよりよい計画(標準)にしていくことを含めた活動でもあります．企業は，立ち止まったときは退歩です．企業が成長をするためにも，常に現状よりもよい状態へと改善をし続ける風土をもつことが重要です．その基盤は，日常の仕事の標準化がされ，その標準の改善が自然にできることなのです．

さて，最後に今一度本誤解に戻りますが，「標準化しみんなが守っているから日常管理がバッチリ」なのではなく，これに加えたさまざまな活動があって初めて，日常管理がバッチリになるのです．標準化と標準の遵守は日常管理の重要な基盤ですが，一要素にすぎないのです．

誤解 21

わが社の方針管理は，各部門へ展開し，半年ごとに進捗確認もしていますから，まったく問題ないですよ

方針管理の形式化・形骸化

方針管理は，プロセスの改善・革新を組織的に実施するための有効なツールとして生み出され，現在では多くの組織が取り入れています．方針管理は，経営目標・戦略の実現に向けて取り組むべき課題・問題を目的指向や重点指向のもとで明らかにし，達成・解決するための経営のツールです．

方針管理をうまく運営管理して業績を向上している組織がある一方で，方針管理を導入していても期待したほどの成果を得られない，と悩む組織があるのも実態です．方針管理の考え方が提案されて約半世紀を経た今日，いろいろな形での形式化や形骸化に悩む組織から，どうしたらよいかという声を聞くようにもなりました．

本誤解のように，「うちは方針を全部門へ展開し，半年ごとに結果の確認をしており，業績もそこそこよいので，方針管理の問題を感じていない」という組織もあります．確かに，組織全体の方針を指示して各部門が目標を設定し，半期ごとの報告会で目標達成度の確認を行っていれば形式的にはよさそうですが，方針管理に対する誤解が潜んでいる懸念があります．

いろいろな組織の方針管理の実態を見ると，次のようなケースに遭遇します．

① 年度方針で設定した過度な努力目標を下位職に毎年押しつけ，目標の未達成が続いている．

② 上位職の目標を下位職へ展開することが方針管理の目的と認識している．

③ 年度方針は事業遂行のすべての活動を万遍なく網羅するようにしている．また，方針は同じ文言を数年間使い，目標を見直している．

④ 半期と期末に2分割で目標の達成度をチェックし，期末に目標が達成していればうまくいったと判断している．

⑤ 方針管理で業績向上していれば，TQM（Total Quality Management：総合的品質管理）に取り組む必要はないと考えている．

⑥ 方針管理で取り上げた項目の進捗をチェックするのが日常管理の目的だと思っている．

組織にこのような兆候がうかがえる場合は，方針管理に対する大きな誤解が潜在していると見なせます．本誤解では，方針管理の適用・実施時に見られる代表的な誤解を取り上げ，何が問題であるか，なぜそうなるのか，どうしたらよいかを解き明かします．

まず，ここに例示したケースの何が問題なのか，どこが誤解なのか，簡単に説明します．そして後ほど，そもそも方針管理とは何を目的とした組織管理の方法なのか，効果的に活用していくためにどうすればよいか解きほぐしていくことにします．

①の「過度な努力目標の押しつけ，未達の連続」について，そもそもどんなにあがいても達成困難な目標だとしたら，達成しようという意欲はなくなりますし，結果としても達成できません．だから，未達であっても気にしなくなるでしょう．目標達成にはその達成手段が重要ですが，それも明確にせずに活動を進めるでしょう．過度な目標を課されてしまう下位職との間に合意形成がなされていませんので，実施事項の意義や重要性について理解できず，たぶんマジメに実行しないでしょう．

②の「上位職の目標の展開が方針管理の目的との認識」について，確かに方針管理の運営において上位の目標の展開が重要な活動要素ではあるのですが，それだけではありません．全社の経営課題，方針，方針達成のための方策を理解し，自部門が他部門とどのような関係をもってどのような方策に取り組み，上位目標達成にどう貢献することになるのか明確に認識していないと，何のために何をどこまでやればよいかわからず，糸の切れた凧のような活動となってしまうでしょう．

③の「事業すべてをカバーする代わり映えしない方針」は，後述しますが，本質的には経営管理における方針管理の位置づけや意義の理解不足によるものと思われます．方針管理は日常管理体制が確立され機能しているという前提で，変化する経営環境に対応するために重要課題を認識し，これを解決するために限られた経営資源を投入しようという管理です．日常管理体制が不十分で，それを補うために方針管理の仕組みを利用するという方法もありますが，その場合，方針管理で取り組もうと意図した経営課題への取組みが埋没してしまわないように留意しなければなりません．

④の「期央・期末の目標達成度確認と，期末で目標達成ならすべて OK」について，実はせっかくの好機を逃しているといえます．もし管理指標とその目標レベルが適切で，達成手段もまともなら，表面的・形式的 PDCA としてはこれでよいでしょう．しかし，目標達成行動において結果(中間，予測も含む)を確認したときは，組織的学習の絶好の機会と認識して対応すべきです．目標を達成していても，達成していなくても，経営環境変化の影響，目標の妥当性，達成手段の妥当性，実施の質について振り返ることによって，管理のレベルを上げることができるのです．

⑤の「方針管理で業績向上なら TQM は不要」の背景には，TQM に対する理解不足があると思われます．TQM の全貌を理解し，これを経営に有効活用しようと考えることのできない組織には，「TQM ＝方針管理＋ QC サークル」という誤解があります．そして，形式的な方針管理と QC サークルを展開し，TQM は役立たないと言っている経営者・管理者も残念ながら存在します．

TQMの名のもとに繰り広げられる思想，方法論，手法によって，方針管理に魂が吹き込まれることをご存じないのです．真に有効な方針管理のためには日常管理体制の確立が前提です．問題解決力(問題・課題の認識，因果関係理解，目的・手段関係理解)も必要です．さらに，PDCAの真意の理解と実践，プロセス管理に関する本質の理解なども必要です．

⑥の「方針管理の管理項目の進捗チェックが日常管理の目的」は，本質的には方針管理と日常管理のそれぞれの目的，関係，相違などを理解していないことからくる誤解です．後述しますが，日常管理の体制が確立しているとの前提のもとで，それだけでは対応できない経営環境の変化に伴って生じる課題への全組織的な取組みの仕組みが方針管理です．方針管理のもとに日常管理があるのでもなければ，方針管理の補完として日常管理があるのでもありません．このような方針管理を展開していては，組織運営の基盤である日常管理体制がガタガタになってしまいます．

さて，このような誤解，あるいは誤解から生じる首をひねりたくなる現象の背景に何があるか考察すると，以下のような理由が考えられます．

- そもそも「方針管理」がどのような管理であるか理解が不足している．
- 「方針」は「目標」と「方策」から構成されると考えられるが，これらについて，その意味，関係，設定方法に関する理解が不足している．
- その「方針」を，どのような考え方で，どのように設定するのか理解が不足している．
- 方針を「展開」しなければ全組織的方針は達成できないが，展開の考え方や方法に関する理解が不足している．
- 方針の達成状況を適時適切に評価しなければならないが，その考え方や方法に関する理解が不足している．
- TQMにおける方針管理の位置づけと意義，そして効果的方針管理に対するTQMの諸活動に意義についての理解が不足している．

以降では，これらを考慮して方針管理に起こりがちな誤解を解いていきます．

方針管理とは

方針管理の誤解を解くには，まず方針管理とは何を意味し，何を意図しているのかを正確に理解することが大切です．JIS Q 9023：2018「マネジメントシステムのパフォーマンス改善―方針管理の指針」では，方針管理を「方針を，全部門及び全階層の参画の下で，ベクトルを合わせて重点指向で達成していく活動」[1)]と定義しています．

方針管理の目的は方針を達成することですから，方針が策定されていることが前提になります．また，方針管理は，この活動に関わる全員の参画のもとで，ベクトルを合わせ，重点指向で取り組むことが要件になります．

ご存じの方も多いでしょうが，方針管理は日本が開発した経営管理手法です．1960 年代半ば，日本の品質管理は，経営学の素人であるにもかかわらず，実世界で使える現実的な管理の方式について，試行錯誤しながら深い考察を行っていました．はじめに，かなり長い間「管理項目」について議論しました．製造工程の工程管理にとどまらず，日常業務一般の管理の方法を，PDCA，標準化，プロセス管理などの考え方を基本として「日常管理」として整理しました．さらに，組織運営における方針の重要性を認識し，方針を達成するための管理の方法論を検討しました．そして 1970 年ごろ，「方針管理」という優れた経営管理の方法論を生み出したのです．このころ日本的品質管理は，経営管理を**図表 21.1** に示すような 3 つに整理しました．

「日常管理」は，組織の指揮命令系統を通じて実施する，業務分掌に規定された業務に関わる管理，すなわち，それぞれの部門で日常的に当然実施されなければならないルーチン業務について，その業務目的を効率的に達成するためのすべての活動の仕組みと実施に関わる管理です．

「機能別管理」は，品質，コスト，量・納期，安全，環境などの機能(管理目的，すなわち経営要素)を軸とした部門をまたぐプロセスがあると考えて，このプロセスを全組織的な立場から管理しようとするものです．

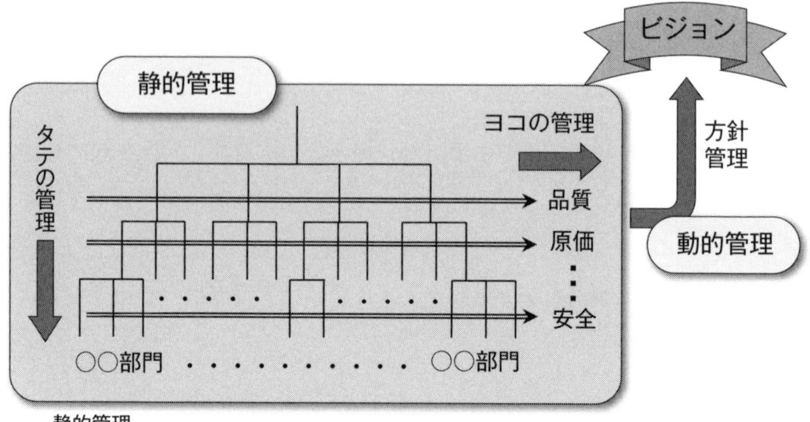

静的管理
　①タテの管理：日常管理(分掌業務管理，部門別管理)
　②ヨコの管理：機能別管理(経営要素管理，管理目的別管理，部門横断管理)
動的管理
　③方針管理(環境適応型全社一丸の管理)

図表 21.1　経営管理における方針管理の位置づけ

「方針管理」は，環境変化への対応，自社のビジョン達成のために，通常の管理体制(日常管理の仕組み)で満足に実施することが難しい重点課題を，組織を挙げてベクトルを合わせて確実に解決していくための管理の仕組みです．

経営環境が静的であれば，そして組織の目的が適切に定められ，それが各部門の目的に適切に展開されて，妥当な日常管理の仕組みが構築され，さらに部門横断経営としての機能別管理(経営要素管理)が適切に運営されれば，これで組織運営はほぼうまくいくはずです．

方針管理は，この2つの静的な管理では十分に対応できない「変化への対応」に焦点をあてた管理です．静的な環境でのマネジメントは経営の基本ですが，経営環境の変化に応じた，全組織一丸となった動的な管理もまた重要です．このために，組織は，少数の重要な経営課題を設定し，これらの課題を達成するために，組織を挙げた体系的な運営体制を構築することが必要となります．

方針における目標と方策

1 目標の妥当性

方針管理における方針は，「トップマネジメントによって正式に表明された，組織の使命，理念及びビジョン，又は中長期経営計画の達成に関する，組織の全体的な意図及び方向づけ」[1)]と JIS Q 0023 には定義されています．

ある組織の中長期経営計画と年度方針では，トップマネジメントが指示した努力目標である売上高○○円，営業利益額××円などが掲げられていました．一見間違っていないようですが，トップダウンで指示された努力目標が組織能力をよく分析して見合った目標か，方針に組織の全体的な意図と方向づけが的確に表明されているかという適切性を見極めることが大切です．

ちなみに目標は，強いて喩えると，柳に飛びつくカエルが 3 回飛んで 1 回飛びつけるくらいのストレッチ目標(例えば，従来比 20% 増，25% 減など)が概略イメージです．とはいえ，到底達成できない目標では目標としての意味がありませんから，上位の目標，経営ニーズを踏まえた根拠あるものでなければなりませんし，また以降で検討する方策によって挑戦的ではあるが達成できそうなレベルに設定する必要があります．

2 目標を達成するための方策

この組織の部門に，目標をどのように達成するのかの方策を尋ねると，精神論であったり，抽象的であったり，曖昧であったり，極端な場合は決めていないケースもありました．前述の方針の定義[1)]には，一般的に，a)重点課題，b)目標，c)方策の 3 つの要素が方針に含まれると注記されています(**図表 21.2**)．この組織の例では，b)目標を達成するための c)方策が明確でないことが致命的です．

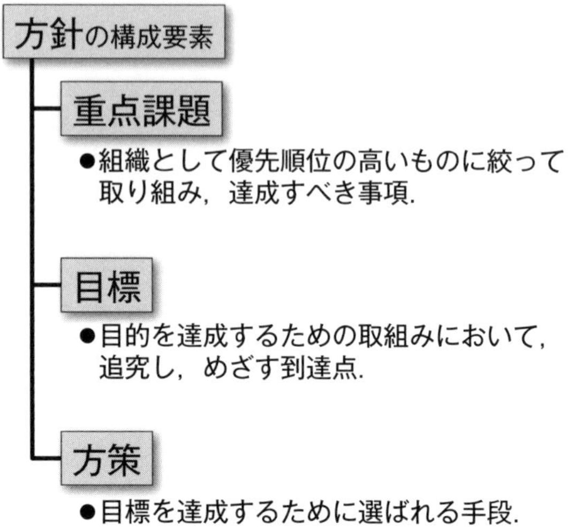

図表 21.2　方針の構成要素

方針管理は，方策をなぜ明確にする必要があるのでしょうか．方針管理は現状打破のための経営ツールですから，目標は現行のやり方のままでは到達できない挑戦的な水準を設定します．この目標を達成するには，既存の業務プロセスだけでは実現できないので，目標達成に関わる業務プロセスを改める必要があります．そのためには，業務プロセスの結果に影響する要因を洗い出して重要要因を見定め，重要要因を改善するためのアイデア創出と，予想効果や副作用を含めた実効性を評価したうえで，新たな方策を明確にすることが重要となります．新たな方策を明確にするには，問題・課題を分析できる人を育成するための品質管理教育が不可欠です．

現状打破の目標を達成するための方策を決めず，現状と同じ業務プロセスの延長線で業務を進めた場合，方針管理を活用した目標達成は至難です．

総花的でマンネリ化した方針

1 重点指向

「世界品質第一」，「トータルコストダウン」，「納期遵守 100%」，「安全第一」，「人材育成」など，毎年ほぼ同じ方針を網羅的に掲げているケースを見受けます．方針が何年も同じ文言で通用すれば大変に楽ですし，組織の理想を網羅的に掲げていることは，一見賢いように思えます．これらの誤解は，方針管理の定義にある「重点指向」の視点が欠如したことが背景にあります．

重点指向は，目的や目標の達成に及ぼす影響を予測・評価し，優先順位の高い要因を絞り込むことを意味します．言い換えれば，影響の小さい要因は取り上げず，影響の大きい少数の要因を選び抜くことです．重点指向をしないと，選択した領域に限りある経営資源を集中的に投下できないので，目標を達成するうえではとても非効率です．

重点指向の視点で思考・行動するとき，その「重点」が変わっていくことを忘れてはいけません．経営環境を正しく認識し，自らのビジョンを適切に定め，いま保有できている組織能力とのギャップの認識が取り組むべき経営課題の候補となりますが，そのギャップ自体が変化していきます．こう考えると，毎年ほぼ同じ方針を掲げるというのは，経営環境が変化しないか，組織が進化していないか，まともな方針を掲げていないかのどれかに違いありません．

2 重点課題

総花的でマンネリ化した方針の策定を避けるには，方針を構成する 3 つの要素(重点課題，目標，方策)のうち，重点課題の明確化が要です．重点課題は，組織として優先順位の高いものに絞って取り組み，達成すべき事項を意味します．平たくいえば，何に取り組むのかという目的を表したものです．例えば，次年度は，新製品開発を強化したい，市場クレームを低減したい，顧客サービスを強化したいなど，方針の目的を表したものです．

総花的でない重点指向の方針を策定できるか否かは，期末のレビューで重点課題を絞り込めるかが大きく影響します．重点課題は，3～5項目に絞り込むのが目安とされますが，なかなか難しいのが実態なので特段の留意を要します．

方針展開

方針管理の一環としての方針展開

策定された方針は，「展開」されなければ，その目標を達成することができません．方針の展開には3つあります，第一は目標の分解です．総売上を国内・国外とか，製品系列ごととかに目標のレベルで分割することです．第二は，目標達成手段としての方策への展開です．売上増を既存製品の新規顧客・市場への拡大，製品改良，新製品開発などの方策で実現しようと考えることです．第三は，これらの諸活動を担当する部門に展開することです．売上増のための諸施策を営業，企画，設計・開発，生技・製造などに展開することです．

第三の展開，すなわち組織の階層に従って下位の方針または実施計画に方針展開されなければ実行に移せません．方針展開の重要性から，方針管理イコール方針展開と誤解する方もいます．また，上位方針から職場第一線までがほぼ同じ内容になってしまう，いわゆる「火の用心，火の用心，…」を繰り返して方策が具体的にならない「トンネル方針」は，上位方針の下位への指示主体の形式的な方針展開に起こりがちで，目標達成のための適切な方策が欠如するという形で現れます．さらに，効果，副作用，必要な経営資源などへの考慮を方針展開で見落とすケースも発生します．このような方針展開では，関係者が連携した協働による経営目標・戦略の達成がおぼつかなくなります．

方針管理を「方針に基づき管理すること」と捉えると，方針に基づいて

PDCA（Plan，Do，Check，Act）のサイクルを回す，すなわち，方針を策定・展開し，実施し，確認し，処置するサイクルが継続的に回ることが方針管理の目的達成に不可欠です．したがって，方針展開＝方針管理ではないことは明らかです．

② すり合わせ

方針展開は，方針管理の重要な取組みとして，「すり合わせ」を行いながら上下職位，関係部門，パートナーなどが一貫性をもって連携することが重視されます(**図表 21.3**)．上述したように，方針展開の段階で，目的の分解，目的を構成する要素への分解，目的を達成する手段への展開，これらの組織(部門，課，グループ，個人など)への割付けなどが行われますが，これら展開を実施するための有益な方法として，すり合わせ(キャッチボールともいう)が重要になります．

方針は，上位職からのトップダウンにより，目的－手段のつながりをもとに，より具体的な手段に展開する必要があります．同時に，下位職からのボトムアップにより，下位職の課題・問題を上位職の課題・問題へと集約すること

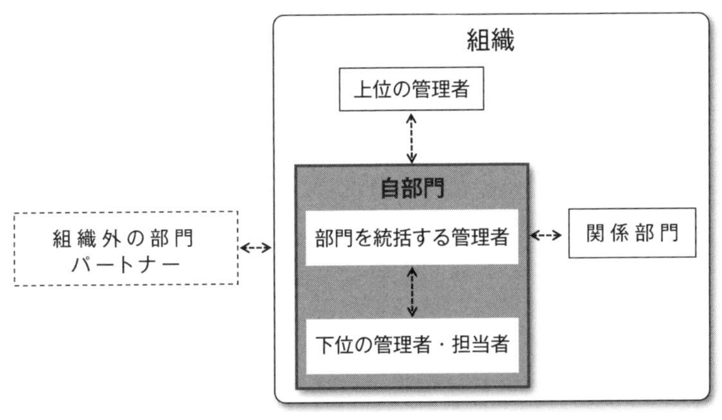

図表 21.3　すり合わせの主な対象者

が重要です．すり合わせは，トップダウンとボトムアップの双方向の良好なコミュニケーションのもとで，方針を確実に展開するための極めて大切な役割を担っています．

すり合わせを通して，上位方針の方策を受けて，下位の重点課題と目標を明確にし，これを達成するための方策を立案します．方針展開は，目標だけを下位に展開することではなく，重点課題と方策も展開する点を失念しないでください．形式的ではないすり合わせを行える方針展開は，「火の用心，火の用心，…」を繰り返すトンネル方針を回避できます．

すり合わせの過程で，上位の管理者，下位の管理者・担当者，関係する部門・パートナーなどが方針管理の実施に関わる自らの役割を合意形成し，上位職から下位職に至る方針を一貫したものにしていきます．方針展開の形式化を防ぐには，関係者全員が参画した実質的なコミュニケーションのもとですり合わせを行い，方針管理に関わる人のベクトルを合わせることです．製品・サービスの実現に関わっている人が，自らの役割を認識して連携し，経営目標・戦略の達成のために同じ方向性をもって積極的に関与し，協働することが肝要です．

3 実施計画

目標を達成するための方策を，それ以上は下位に展開しない段階になったら実施計画を立案します．実施計画は，ある部門・課・グループ・個人が実施すべき各々の方策について，実施する項目を時系列に整理し，実行できるレベルまで具体化する必要があります．誰が，何を，いつ，どこで，どのように行うかなど，5W1H を念頭に置いた要素が実施計画で明確化されないと確実な実行に結びつきません．実施計画を明確にするうえで，次の事項が記述できる様式を設計することが有益です．

- 実施計画の責任者とその責任権限
- 対応する上位方針，その目標値と達成期限

- 月単位などあらかじめ定めた期間に実施する具体的な活動項目と主担当者（活動項目には，調査・分析，改善活動などの実施を含む）
- 実施計画の進捗を管理するための管理項目，管理水準，管理帳票
- 計画どおりに進まなかった場合，必要な処置をとる責任者
- 自部門の活動がもたらす他部門への影響，協働に必要な支援事項

実施計画を実行するにあたって，事前に部門内外の関係者に実施計画を説明し，理解を深めておかないと，連携した協働が難しくなります．

定期的評価

定期的な進捗評価や期末のレビューでは次のようなケースが見られます．

- 方針の達成状況の確認時期を見誤り処置が後手に回る．
- 進捗がよくない方針に対する差異分析が浅薄で対応策が見当違いになる．その結果，目標の未達成が続く．
- 目標の達成可否だけに注目した表層的な期末のレビューに終始し，翌期の重点課題の絞り込みができない．その結果，翌期の方針が総花的で抽象的になってしまう．

要するに，いい加減な方針（目標など）を立て，いい加減に展開し，特段の達成努力をせず，期末に「ご破算で願って，また来年頑張ろう！」という方針管理では経営目標・戦略の確実な達成は不可能です．方針管理の所期の目的を達成するには，方針管理の評価と処置の段階で，方針の達成状況（目標の達成度）と実施状況（プロセスの進捗）のチェックをどのくらいの頻度で行うか，どのように行ったらよいかなどを深く考えることが肝要です．

1 チェック頻度

方針管理における PDCA の Check に相当する評価を，いつ行うのが適切かを決めることが，管理サイクルのきめ細かさを決定づけます．方針管理は業務

プロセスの改善に取り組んでいる関係で，目標達成のための方策には不確定な要素，未知の領域，予期しない変化などのリスクが潜在しています．したがって，方策の結果やその進捗を，あらかじめ定めた時点で定期的にチェックし，時宜を逸することなく必要に応じた処置をとることが求められます．方針管理の定期的なチェックの時期は，チェックの実施に要する経営資源と，実施しないことによるデメリットを勘案して設定しますが，見定められない場合は月次でのチェックを基本にするのが一般的です．

2 管理項目

方針管理におけるPDCAのCheckでは管理項目が不可欠になり，方針のPlan段階で管理項目と管理水準(目標)を設定します．管理項目は，定義が明確であり，効率的に測定でき，達成状況と実施状況の傾向が把握できることが大切です．また，結果をチェックする結果系管理項目と要因をチェックする要因系管理項目とが因果関係で連鎖するように留意します．管理水準は，実施計画で定められた実施事項と整合させ，最終の目標値に到達するように変えていきます．

管理項目は，目標の達成状況を監視し，必要な処置をとるために選定した評価尺度を意味しますから，アクションが取れない管理項目は無意味です．管理項目は，実行段階で方策を実行するための経営資源の過不足をチェックし，経営環境の変化を見逃さず発見して柔軟に対処するための手立てとして有効です．

3 評価の仕方

定期的なチェックではどのようなことを評価すべきでしょうか．厳しい経営環境では目標達成が最優先だから，目標を達成するための方策は頓着しない，という意見もあります．これは大きな誤解です．

結果は，「結果を生み出す原因に左右される」という管理の原則を思い起こしてください．つまり，よい結果を得ようと思ったら，結果を生み出すプロセスに注目して管理することがポイントという品質管理で重視する考え方に立脚することが大切です．この考え方を方針管理の評価にあてはめると，目標の達成度という結果だけでなく，目標を達成するための方策の実施状況というプロセスを含めた評価を行うことになります．

評価の仕方について，ABCD の 4 タイプに分けた考え方を次に示します[1)]．

A タイプ：目標を達成し，目標を達成するための方策も計画どおり実施したタイプです．これでよしとせずに，成功要因を必ず分析してください．例えば，目標が甘過ぎずまたは高過ぎず適切だったか，妥当だったか，どの方策の寄与度が大きかったか，などを分析します．

B タイプ：目標は達成したが，方策は計画どおり実施しなかったタイプです．方針の策定時に考慮し損なった方策は何か，その寄与度はどのくらいか，なぜ方策を計画どおり実施しなかったのか，などを分析します．また，環境変化，為替変動などの外的要因も考えられ，なぜ方針の策定段階で見極められなかったのかも分析します．

C タイプ：目標は未達成だったが，方策は計画どおり実施したタイプです．方策が見当違いだったのか，方策の寄与度が高くなかったのか，などを分析します．品質管理教育が不十分で，目標を達成するための方策の具体化に必要な調査・分析・解析の能力が高くなかったときに起こりがちなタイプです．

D タイプ：目標が未達成で，方策も計画どおり実施しなかったタイプです．まずは，方策を計画どおり実施できなかった，またはしなかった理由を分析します．

目標の達成状況と方策の実施状況の対応関係を 4 つのタイプから分析する視点を重視することがポイントです（**図表 21.4**）．

図表 21.4　目標の達成状況と方策の実施状況と対応関係

タイプ	目　標	方　策
A	○（達成）	○（実施）
B	○（達成）	×（未実施）
C	×（未達成）	○（実施）
D	×（未達成）	×（未実施）

出典）JSQC-Std 33-001：2016「方針管理の指針」，p.24，表 4 を一部修整

これらＡ～Ｄの４つのタイプは,「目標達成／未達」と「方策実施の十分さ」の２×２の組合せで分けた４つですが，形式的な適用は実に無益です．

まず，目標を達成したＡ・Ｂタイプについても，上述したように目標達成行動の質をきちんと分析すべきです．さもないと，結果オーライの理由，成功要因を明らかにできず，将来再現できません．成功要因の分析というのは，実は失敗原因の分析より有益なことがあります．失敗の原因が判明しても将来同様の失敗を回避する対応を取れるかどうかわかりませんが，成功した場合には現実に成功できたのですから何がポイントかわかれば再現できます．

次に，Ａ～Ｄのいずれのケースでも，①経営環境変化の影響，②目標の妥当性，③達成手段の妥当性，④実施の質の４つの視点で分析すべきです．①は計画したときに想定していた環境・状況との相違・変化の影響を加味するということ，②は目標レベルの妥当性を再度確認するということです．達成でも目標レベルが低すぎるなら問題ですし，逆に未達でも，厳しすぎる目標なら計画時に反省すべき点があるはずです．③は方策が目標達成のために必要十分であったかどうかの分析です．もし不十分であるなら，方策の定め方を改善しなければなりません．④は方策に従った活動の質の分析です．計画どおり実施したのかどうか，できなかったとするなら何が問題か，実施の過程で外乱・ゆらぎなどがあったとき，それに柔軟に対応できたかどうかなどを分析します．これによって，③の方策の質が上がるでしょうし，多少の外乱があっても目的を達成できる行動様式を学ぶことができるでしょう．

④ 変化点管理

前項の④で触れたように，方針管理の実施過程では必ずといってよいほど予期しない変化に遭遇します．したがって，経営環境の変化が起きたときのリスクを評価し，組織能力に応じた対応策をあらかじめ練っておく必要があります．

組織の内的な変化の例には，上位方針の変更，経営資源の不足，固有技術面の課題，経営統合などによる組織変更などが想定されます．また，組織の外的な変化の例には，競合状況や顧客・社会のニーズ・期待の変化，為替レートの変動，地震・台風など自然災害・気候変動，感染症の流行などが想定されます．

事前に事業リスクを抽出して評価し，変化に対して的確に処置することが望まれます．

方針の策定・展開の前提としていた経営環境を常に注視し，大きく変わったと判断した場合は遅滞なく組織方針を見直して再展開するなど，変化に素早く対処しなければなりません．しかし，「言うは易く行うは難し」が現実です．組織内外の変化に対して事前対応策をあてはめられない事案が起きた場合に備えて，危機管理を含め BCP（Business Continuity Plan：事業継続計画）をあらかじめ準備しておくことも考えておくとよいでしょう．

⑤ 期末のレビュー

期末に目標が達成していればうまくいってよかったと結論づけたり，目標が未達成でもご破算にして次期の新規目標を設定してしまったりするケースがあります．さらに，方針が総花的であれもこれもと経営資源の投下が分散してしまい，期待した効果を得られないケースもあります．これらは，期末のレビューを重視せず頓着しなかったという誤った運用が背景に潜んでいます．その結果，方針に基づく PDCA サイクルが回らないという弊害が現れ，方針管理が形骸化します．これを避けるには，期末のレビューで分析をきちんと行って，次期の方針策定に反映すべき方針の3つの要素(重点課題，目標，方策)のうち重点課題を抽出し，重点指向で絞り込むことが秘訣です．

期末のレビューにおける必要事項を次に示します．

- 自らの方針または下位に展開した方針ついて期末の報告書を作成し，レビューする．レビューを効率化するための報告書の様式を用意する．
- 期末の報告書では，目標の達成状況と方策の実施状況の対応関係を先に述べた4つのタイプ(A～D)の視点で分析する．
- レビューでは，期末の報告書の結論と結論を得た過程について適切性，妥当性，有効性，効率性などの面から評価し，重点課題を明らかにする．
- 方針管理の仕組み・プロセスの問題を抽出して分析し，次期以降の方針管理の仕組み・プロセスに改善策を反映する．

これらを行うことによって，方針管理の処置段階におけるCheckからActのサイクルが回り始め，方針管理の有効性と効率性を継続的に向上していくことが可能になります．

TQMにおける方針管理

1 方針管理の位置づけ

方針管理には取り組んでいるが，TQMは敷居が高く抽象的で経営トップの理解が得られず，TQMを導入していない組織があります．また，方針管理とTQMは別物という誤解もあります．方針管理がTQMにおける重要な取組みの一つであることを理解できないと，TQMの一環として方針管理を実施することによる大きな便益が得られません．

TQMにおける方針管理の位置づけは**図表21.5**のように表せます．方針管理は，これらの諸活動の一部と位置づけられます．また，他の活動によって方針管理そのものがより効果的なものとなります．

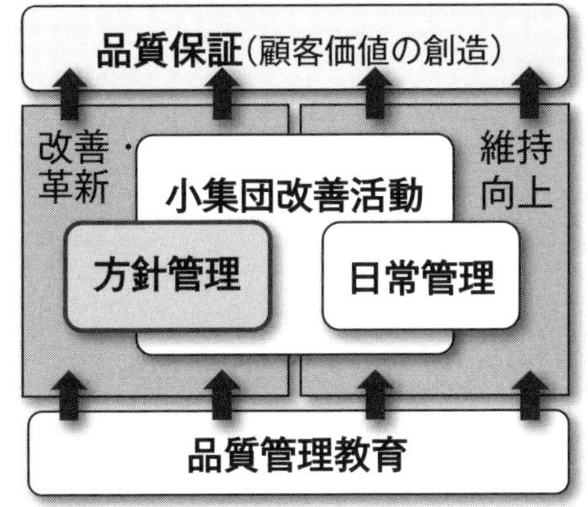

出典)　JIS Q 9023：2018「マネジメントシステムのパフォーマンス改善—方針管理の指針」，p.29，図 A.2

図表 21.5　TQM における方針管理の位置づけ

② 方針管理と日常管理の関係

図表 21.5 において方針管理は，日常管理と車の両輪を構成するかのように描かれています．この図における「日常管理」は，前述の「方針管理とは」で示した 3 つの経営管理のうちの部門別管理(タテの管理)と部門横断管理(ヨコの管理)を総称するものと考えていただいて結構です(図表 21.1 参照)．

事業目的を達成するために組織が行うすべての計画を事業計画と捉えると，これを効率的に達成することが組織にとって重要になります．事業計画には，中長期経営計画，これを達成するための事業戦略，日常業務のための実行計画などがあります．

方針管理と日常管理がセットになって事業計画を実現します．経営環境が変化しないのであれば，周到な日常管理体制を構築することによって組織目的を達成できます．ところが，経営環境の変化に応じた新たな取組みが必要になったとき，これを日常管理で対応していくことは難しくなります．日常管理は，目標を実現する手段・方法を標準化して組織目的を達成することを基本としていますが，新たな課題に対しては，その課題達成のための手段・方法を定め実施していかなければならないからです．これが事業運営において方針管理が必要になる理由です．

いわば，日常管理は，すでに実現できている部分を確実に維持・向上する活動です．日常管理で実現できない部分について新たに取り組み，改善・革新する活動が，方針管理で対処する領域になります．既存のプロセスを確実に実施することによってカバーできる領域を日常管理で対処し，既存のプロセスを確実に実施するだけでは足りない領域を方針管理で対処するといってよいでしょう．

したがって，事業目的達成のための活動の大半は日常管理によってカバーされていて，日常管理をベースにしたうえで，日常管理ではカバーできない部分を重点的に方針管理で取り組むことになります．

その意味では，効果的方針管理のためには日常管理体制の確立が必須です．さらに，方針管理においては，高い問題解決能力が必要となります．期央・期末のレビューなどでの分析が確かなものでないとPDCAをきちんと回せません．問題解決力があるということは，実は因果関係や目的手段関係を明らかにする能力に優れているということを意味し，これが妥当な方針を定め，妥当な方針展開の基盤となります．日常管理と問題解決力という基盤が脆弱な方針管理は砂上の楼閣といってよいかもしれません．

3 トップ診断

方針管理の一部を構成するものとはいえませんが，関連する活動として「トップ診断」があります．トップ診断は，組織のトップ，例えば社長，事業部長，部長などが，自らの組織の管理状況を自ら事実に基づいて診断するものです．

トップ診断の内容は，目的に応じて多様ですが，大きくは以下の3つに整理できます．

- 方針管理で掲げられた方針，課題の達成に向けての進捗のレビュー

- QCD など経営要素についての重要課題の総合的レビュー
- 各部門の日常管理の実態の診断

トップ自らが行う現場診断は，役員会などで報告される総括的な業務パフォーマンスなどでは窺い知れない現場の実態や，組織の体質，文化，風土の真の姿を実感できる貴重な機会でもあります．現場診断は，諸活動の実施結果と，結果を生んだプロセスの実情を現場・現物・現実で診断者と被診断者が相互学習する場です．現場診断のポイントを次に示します．

- 現場診断は，組織の上位者と現場の責任者などとのコミュニケーションを通じて，現場で行われている活動に関する情報を収集し，支援と指導を行う．
- 現場診断は，教え・教えられる学習の機会である．
- 現場診断は，改善のきっかけとすることで TQM の改善活動につながる．

現場診断は，トップが職場第一線において，実務者である従業員との直接的な対話やコミュニケーションを行い，方針管理，日常管理，小集団改善活動，品質管理教育などの実情と課題を事実・データだけでなく五感(視覚，聴覚，触覚，臭覚など)も含めて現場の真実を認識できる場になっています．

現場診断は方針管理の一環として実施される場合もあり，問題を早期に発見して未然に防止する施策として有効ですので，経営層や経営幹部などによる現場診断をうまく活用することが望まれます．

まとめ：方針管理の正しい理解と実践

本誤解では，方針＝目標，方針展開＝方針管理，方針の総花化・マンネリ化，形式的なチェック，期末で方針ご破算化など，方針管理においてよく見られる誤りを取り上げました．これらの誤りを払拭するために，次の事項に触れながら解き明かしました．

- 方針管理の目的
- 方針を構成する 3 つの要素(重点課題，目標，方策)の意味

- 事業運営に有用な方針の策定方法
- 方針管理の一環である方針展開とすり合わせの目的と基本事項
- 定期的評価と期末のレビューの考え方と方法
- TQM における方針管理の位置づけ，日常管理との関係，現場診断の活用

これらの話題を手がかりにして，方針管理の正確な理解を促し，形骸化せず実践的な方針管理の正攻法となる要点を考察しました．方針管理を正しく理解することによって，実効性のある方針管理への道筋が開かれます．

誤解 22

QCサークルは自主的活動だから，方針管理で取り上げているテーマに取り組むのはまずいですよね

QCサークルは「ボトムアップ型自主的活動」なのに…

QCサークルは「運営を自主的に行う」(QCサークル本部編『QCサークル活動の基本』)のが基本になります．ですから，本誤解「QCサークルはボトムアップ型の自主的活動だから，トップダウンの業務遂行型の方針管理で取り上げているテーマに取り組むのはまずい」のような，トップダウンの業務遂行命令に従うような運営はよくない，という考え方が出てきます．実は，このような考え方こそ誤解なのです．QCサークルは，全員参加の改善の場であり，意欲向上の機会を与えるものであれば，その運営の仕方は多様であってもよいのです．したがって，取り上げるテーマが方針管理で展開された課題であってもよいのです．なぜそういえるのか，これから解きほぐしていきます．

まず，このような誤解が生まれてしまう背景について考えてみましょう．以下の3つがあるのではないでしょうか．

① QCサークルは自主的活動である．だから，上から指示・命令されて業務として行う活動をするのは筋が違う．

② QCサークルは，全員参加の改善の場であり，現場第一線で働く人々の意欲向上の場である．だから，業務命令で改善を行う場にするのは，趣旨

にそぐわない.

③ 方針管理は組織一丸となって重要課題に取り組むトップダウン型の組織改善・改革活動である．QC サークルは，ボトムアップ型の活動であり，元よりその性格がまったく異なる.

まず①について，「運営を自主的に行う」の「自主的」とは，組織の構成員一人ひとりや各部門が独自に「自由気まま」,「勝手」にやることではありません．各自，各部門が自律的，主体的に取り組むことが重要であるという意味です．したがって，自律的，主体的に取り組めるテーマであれば何でもかまいません.

次に②について，QC サークル活動は，「運営を自主的に行い，メンバーの能力向上・自己実現，明るく活力に満ちた生きがいのある職場づくり」(QC サークル本部編『QC サークル活動の基本』)をめざしており，全員参加の改善・意欲向上の場です．この表現から QC サークルはボトムアップ型の活動に限定されるものであり，また現場に近い課題や問題に取り組むべきだと捉えてしまう方々が多いようですが，これは誤解です．全員参加の改善・意欲向上の場という目的に沿うものであれば，ボトムアップで取り上げた現場の問題・課題のみに限定する必要もありません．とりわけ，方針管理に挙げられるテーマは，ある１つの部門だけで解決できるほうが稀で，複数部門の協力のもとに解決していくものですし，何よりテーマ自体が挑戦的であることから，全員参加の改善・意欲向上の場として活用できる余地は十分にあります.

最後に③について，方針管理は，トップダウンの組織的改善・革新活動と考えられ，QC サークル活動とは馴染まない，と考える人がいます．方針管理は，方針展開が注目されるあまり，一見トップダウン的に見えますが，実はボトムアップ的要素があります．部・課レベルの上位から展開されてくる目標を下位とすり合わせるために，職場など小集団のほうからの意見を取り上げてよいのです．例えば，現場の問題意識(マンネリ，規律の緩み，品質意識の低下，慢性的な品質問題など)を反映した課題を取り上げ，現場に即した目標とすることは一般的に行われます．上位から展開されてくるテーマ(目標)を，下位の職場の特徴に即した目標として取り組むことが可能なのです．

つまり，「自主的」を各組織構成員や部門独自による「自由気まま」，「勝手」な活動と理解し，QC サークルはボトムアップ的で現場の問題・課題に取り組む活動であると狭く捉え，しかも方針管理はトップダウン的要素のみの活動であると考えることによって，「QC サークルは自主的活動だから，方針管理で取り上げているテーマに取り組むのはまずいですよね」という誤解が生じてしまうわけです．しかし，上述の QC サークルの目的，運営の特徴，活動の本質的な意味からいえば，それは大きな誤解であり，この活動の目的に沿うものであれば，多様なテーマを取り上げ，多様な形態で柔軟に運営してよいのです．

実際，JSQC-Std 33-001：2016「方針管理の指針」では，小集団活動（小集団改善活動）を以下のように定義しており，「方針管理」と「日常管理」との関係が示されています．

> 小集団活動（小集団改善活動）
>
> 方針管理・日常管理を通じて明らかとなった様々な課題・問題について，コミュニケーションがはかりやすい少人数によるチームを編成した上で，特定の課題・問題についてスピードのある取り組みを行い，その中で各人の能力向上と自己実現，信頼関係の醸成を図るための活動．部門横断チーム，部門ごとのプロジェクト活動，第一線の従業員による QC サークル活動などが含まれる．

この定義からも，QC サークルが方針管理のテーマに取り組むことが自然であると認識されていることがわかります．

小集団活動の多様な形態

JSQC-Std 31-001：2015「小集団改善活動の指針」では，**図表 22.1** に示すように，小集団改善活動の形態を，「職場型－横断型」と「継続型－時限型」と

図表 22.1　代表的な小集団改善活動の形態

形態		説明	例
A	職場型・継続型	同じ職場の第一線で働く人が小集団を構成し，自分たちが働く職場が抱える問題・課題を取り上げ，その解決・達成に取り組む．解決・達成後も小集団を維持する．改善だけでなく，維持向上のための活動においても重要な役割を果たす．	QC サークル，TPM サークル
B	職場型・時限型	組織の中の特定の部門の重要な問題を解決する，又は課題を達成するために，当該部門の部課長・スタッフが中核となって小集団を編成する．解決・達成後に小集団を解散する．	部門ごとのプロジェクトチームやタスクチーム
C	横断型・継続型	組織の特定の経営成果又は特定の技術に関わっている人が，複数の部門にまたがって小集団を編成し，当該の経営成果又は技術に関する問題を解決する，又は課題を達成する．解決・達成後も小集団を維持する．	安全委員会，○○技術検討会
D	横断型・時限型	特定の部門では解決が困難な難しい問題・課題に対して，高度な専門知識や技能をもつ人々によって部門をまたがった小集団を編成する．解決・達成後に小集団を解散する．	部門横断チーム，シックスシグマチーム

出典）JSQC-Std 31-001：2015「小集団改善活動の指針」，p.13，表 3 を一部改変

いう 2 つの軸で分類しています．ここで「職場型」というのは，小集団を構成するメンバーが同じ職場・部門に属する，「横断型」は部門・職場をまたがるメンバーで構成されるという意味です．また「継続型」は同じ集団が次々とさまざまなテーマに取り組む形態であり，「時限型」はあるテーマを完了したらその小集団を解散するという運営方法を意味しています．そして，この指針では「QC サークル活動」は，「職場型・継続型」のものだとしています．また「横断型・時限型」や「職場型・時限型」の小集団活動を「チーム改善活動」として，「QC サークル活動」とは区別しています．

この指針では，このような分類は別として，「QC サークル活動」や「チーム改善活動」を含む「小集団改善活動」には，次の①～③の 3 つの基本があるとしています．

① 小集団で問題・課題に取り組む．

② QC 的考え方・手順・手法で改善する．

③ 能力の向上と組織の活性化を図る．

これらの①〜③の基本からも，QC サークルは，職場の身近なテーマ(困りごと)だけではない問題・課題につながるテーマに取り組むことが期待されているといえます．

QC サークルのあり方

本誤解では，QC サークルが生まれた 1960 年代とはまったく異なる現代において，その基本精神を継承しつつ現代の品質経営に相応しい QC サークルのあり方について考えていきます．上述したプロジェクトチームやタスクチーム活動を QC サークルと同類の小集団活動と位置づけるのには無理があるでしょう．かといって，QC サークル創成期の定義を狭く解釈するのはいかにも狭量です．そのねらい，運営の基本を以下のようなものと考えるのがよいでしょう．

① 小集団で活動する．

② 自主的に運営する．

③ メンバーの能力向上・自己実現，組織の活性化に貢献する．

④ QC 的な考え方や手法を活用して，問題・課題に取り組む．

最重要は，①にある「集団で」というところにあるのではないでしょうか．もちろん独りで仕事はできませんし，社会的動物である人間は他人との関わりのなかでこそ満足を感じ，また自分を成長させることができます．集団での活動としても，上の 4 項目の中には QC サークル創成期にあった「同じ職場で」という運営形態が含まれていないことにお気づきでしょうか．現代の業務形態では，同じ職場で共通のテーマを取り上げることが難しいかもしれません．それでも異なる業務をしている人々が集団を形成して意見交換をし，相互啓発を図る機会があるということは貴重ですし，必須ではないでしょうか．

②も重要です．やらされるのではなく，実施しようとすることの目的や意味を知り，どう行動すべきか自分たちで主体的に考え自分たちで決めてこそ，意欲が生まれますし，困難があっても克服できると期待できます．

③がこの活動の目的です．人間として職業人としての自らの成長をめざし，自己を肯定し，明るい風通しのよい職場を作ることがねらいです．その結果として，業務の質と効率が上がり，それが結果として会社の業績向上につながるでしょう．

④は，問題・課題への取組みを通して③の目的を達成しようとすることをいっています．いろいろな方法があるのですが，自らが問題・課題に取り組むことのできる実力をつけ，現実に改善することができたときに，大きな成長を期待できるだろうという考え方です．そして問題・課題への取組みにおいて，品質管理に敬意を表してか，QC 的考え方や手法を活用するとしています．問題・課題を解決・達成できるのであれば手段は何でもよいのですが，まあ“QC”サークルといっていますので QC 手法を中心にしていただいてもよいでしょう．

さて，こうした考察を通して，QC サークルの“姿”は多様であってもよく，以下のような多様な場の形成に利用できることがわかってきました．

- 業務品質向上：問題・課題の発見・認識，改善への取組み
- 組織課題への主体的取組み：部門の重要課題，方針管理課題の解決
- 能力向上：勉強会，意見交換，相互啓発，自己研鑽
- 意欲向上：コミュニケーション，意見交換，価値観共有
- 異なる業務の担当者間の相互啓発：情報共有，相互啓発，ワークショップ
- 一体感，仲間意識：情報共有，価値観共有

要するに，QC サークルの基本精神のもと，多様な運営形態が考えられるということです．もちろん，方針管理につながるテーマを取り上げてもよいのです．

小集団活動の多様な実施事例

それでは，小集団活動の多様な運営形態があり得ることについて，事例を用いて紹介します．

1 事例 1：全社方針をブレークダウンした「テーマ型 QC サークル活動」

私自身が以前に経験した，具体的に方針管理へとつながるテーマに取り組んだ「QC サークル活動」の例の紹介です．

当時私が勤務していたのは，多数の事業部に全国 9 カ所の生産拠点(事業所)を擁する非鉄金属加工のメーカーだったのですが，その製造部門すべてで，「テーマ型 QC サークル活動」という名称で，「コスト競争力に貢献する」全社運動として，改善活動に取り組みました．「テーマ型 QC サークル活動」の基本方針は以下のとおりでした．

- 「ロスの削減」(歩留の改善)を全社共通の目標とし，部門主導による「テーマ型 QC サークル活動」を全社の製造部門の QC サークルに導入する．
- これにより，サークルメンバー一人ひとりの力を結集して，スピードを上げた改善に挑戦し，会社の業績に貢献する．
- その活動を通じて，サークルメンバーの能力の発揮と生きがいのある職場を実現する．

「テーマ型 QC サークル活動」のねらいは，まさに組織の収益構造改革に貢献することにありました．従来の QC サークル活動が，「まず職場・作業組や設備・ラインがあり，その中にサークルを編成し，そのサークルの身近な問題から解決する」という形とすれば，この「テーマ型」は，「まず，テーマありき」でした．その部門で解決しなければならない問題(課題)をテーマとして取り上げ，そのテーマの解決のためにサークルを編成しようとするものです．

全社製造部門一斉にテーマ型 QC サークル活動を展開することにより，次のことをねらいました．

① 現状把握の結果としての悪さ加減の顕在化(ロスの構造の明確化)

② 部門長(製造部長，工場長など)の方針とすることによる QC サークル活動の活性化

③ 全社一斉活動とすることによる短期間に大きな効果(収益向上)へ寄与

テーマ型 QC サークル活動においては，成果はもちろんですが，スピードを

上げて目標に挑戦するというプロセスも重視しました．そのためには，職制・スタッフの指導・支援が重要です．この活動では，テーマの選定，その根拠となる現状把握，サークルの編成，職制・スタッフによる支援など，すべて製造部長(工場長)の方針として実施しました．

その詳細を以下の1)～8)に示します．

1)　目的

よいテーマを与え，メンバー一人ひとりの力を結集して，スピードを上げた改善に挑戦し，会社の業績に貢献する．

2)　対象サークル

全社の製造部門のQCサークル．

3)　テーマ選定

ロスの削減(全社共通)．製造部長(工場長)が各部門のロス削減に関するテーマを選定．工場によっては，他に優先順位が高いものに取り組んでもよい．

4)　サークル編成

テーマに対応したサークル編成とする．

5)　テーマ解決期間

3カ月/1テーマを目標とする．4カ月目を「定着月」として，トータルでは，4カ月で1テーマを解決する．

6)　会合時間

15分間/回×毎週を目標とする(トータルの会合時間を増やすことなく，会合回数を増やして改善のスピードを上げる)．

7)　効果の把握

ロス削減実績数値として決算数値とリンクさせる．これをテーマ設定の段階で考慮する．

8)　報告会(発表会)，フォロー

各部門の報告会(発表会)や既存活動の仕組みを使って行う．

図表22.1の形態分類でいくとAタイプとなりますが，テーマを組織的に定め，同一チームが4カ月ごとのタスクに取り組んでいくという形です．

全社で300を超えるサークルが，この「テーマ型QCサークル活動」に取り組みましたが，効果金額とその目標達成率は大きく，期待以上の成果を収めることができました.

個々のサークルの改善効果金額の積み上げとは違って，全社一斉に取り組むことによる現場のサークルメンバーのロスに対する意識の変化もあって，この活動が全社的な歩留の大幅な改善に貢献しました.

会社としては，従来は各部門に任せていたQCサークル活動を，初めて全社運動として展開して，ベクトルを合わせることで，活動が活発になり，コストダウンに貢献するという期待以上の成果を出すことができました.

② 事例2：全社方針と直結した「(部門横断型)チーム改善活動」

これから紹介する事例も私が勤務していた企業でのもので，図表22.1の「D：横断型・時限型」に相当する部門横断型の「CSチーム活動」と名付けたチーム改善活動です.

「CSチーム活動」とは，お客様クレーム削減をめざした全社活動です.「CS」とは，顧客満足(Customer Satisfaction)とクレーム削減(Claim Sakugen)の頭文字です.

「CSチーム活動」の目的・目標は，当社の最重点課題として客先クレーム削減を取り上げ，これを解決することにより顧客満足を向上させ，同時にスタッフの問題解決能力を向上させ，将来起こりうる問題の未然防止をも図ることでした．全社共通の目標として，客先クレーム件数の30%減/年(2年で半減)を掲げました.

「CSチーム活動」に取組むにあたり，現状を調査しました．各部門のお客様クレーム削減の取組みの実態を調査したところ，個々のクレーム対応はそれなりに実施されていましたが，クレーム削減が効果を挙げていない部門が多く見受けられました．多くの場合，施策そのものの不適切さや，施策に挙げられている事項が十分実施されていないことが主な要因だと考えられました．一方，当社がその4年前から認証を取得していたISO 9001の仕組みは整ってはいましたが，クレーム削減という意味では効果を挙げていませんでした．

また，当社のクレームは，その性格から大きく次のa)，b)の2種類に大別することができますが，問題の性質がかなり違いますので，その削減策を検討するにあたっては，それぞれ固有の特徴を考慮して施策を変えたほうがよいと考えられました．

a) 技術的な問題などによる慢性的な不良・不具合現象から発生するクレーム

b) 品質保証上の仕組みの問題(システム上の不備)から発生するクレーム

以上の点を踏まえて，本活動は「クレームの原因の捉え方」というような基本的なところからスタートして，クレーム削減策を(クレームの性格によるアプローチの仕方を含め)抜本的に洗い直して，関係者の周知を結集し，固有技術・管理技術のレベルアップをめざし，最終的には“決められたことを守る”，すなわち「標準の遵守」につなげ，結果として，当社が維持している品質マネジメントシステム(ISO 9001)の向上を図りました．

本活動はテーマにより各製品部内の製造課，技術課，品質保証課のそれぞれ単独では実施できず，それらの枠を越えた営業部，物流部も含む活動となる可能性があるため，各部門の壁を取り払い各部門が参加する全社横断活動としました．この活動には，QCサークルのメンバーもさまざまな形で参画しました．

「CSチーム活動」のもと，全社で約75のチームが活動し，クレームの削減以外に以下に記すような特色のある成果が得られました．これらは，小集団としてのチームワークから生まれたものと考えられます．

① クレーム傾向の把握と分析力が向上した．

② 新製品の製造条件の把握に実験計画法を活用し，製造技術が向上した．

③ クレーム情報のデータベース化と，デザインレビューを改善した．

④ 外注先と協力し社内全ノウハウを盛り込んだQC工程表を整備し，内部監査でフォローした．

⑤　パートタイム従業員への技能伝承にデジカメの動画機能を使った作業標準の活用．

これらは，小集団としてのチームワークから生まれたものであり，「メンバーの能力向上・自己実現」をもたらしました．

3 事例3：QCサークル大会における各サークルの共通点

2020年2月に，私が住んでいる兵庫県で開催された，QCサークル近畿支部主催の「QCサークルチャンピオン大会イン兵庫」に参加する機会がありました．その大会では，一次予選で選抜された5つのサークルから体験談発表がありましたが，私としては，そのようなQCサークル活動の発表会に参加するのは，十数年ぶりでした．

代表(チャンピオン)5サークルの発表は，業種としては製造業や工事，運送，福祉，そしてサークルの職種としては品質管理部門，介護職，総務，保全部門と多彩でしたが，その内容，取組み方，手法やストーリーの展開など，「基本に忠実」で，さすがチャンピオンで素晴らしいと思いました．

そして，以下の「小集団改善活動の3つの基本」が満たされていると感じました．

①　小集団で問題・課題に取り組む．

②　QC的考え方・手順・手法で改善する．

③　能力の向上と組織の活性化を図る．

また特に，本誤解のテーマである「小集団活動のテーマと方針管理」との関係で考えても，5サークルの活動テーマは，すべて各社・各部門の方針と密接にリンクしていると判断できました．

まとめ

本章では以下のことを述べてきました．

- QC サークル活動において方針管理のテーマを取り組んではいけないという誤解が生じてしまった背景
- QC サークル活動などの小集団改善活動に多様な形態があること
- 多様な運営形態に関する事例紹介

TQM の本質は「品質」,「全員参加」,「改善」の 3 つの言葉に凝縮されます. QC サークルの本質の一つを「全員参加の改善の場」と考えると, QC サークルは, いわゆる職場の(全員参加の)サークルというより, 組織の「改善」の一翼を担う重要な要素として評価し支援(推進)すべきでしょう.

前節で述べたように,「小集団改善活動」の形態を,「職場型・継続型」の「QC サークル活動」と「横断型・時限型」や「職場型・時限型」の「チーム改善活動」として区別することができますが, このような区分に囚われることなく, その進め方は柔軟にして, メンバーのやりがいの発揮と能力の向上, 活動結果による経営への貢献に期待したいと考えます.

「QC サークルは自主的活動だから, 方針管理で取り上げているテーマに取り組むのはまずいですよね」は大きな誤解であり,「QC サークルなどの小集団改善活動は, 方針管理につながるテーマに取り組んでもよいし, QC サークルの目的に沿った多種多様な形態で柔軟に運営してもよい」が結論となります.

誤解 23

わが社はTQMとBPRをやってきたから，次にBSCはどうかね．最近は○○も流行っているみたいだな

次々に出てくる新たな経営ツールに振り回されていませんか？

取り上げられる経営ツールの具体的名称は異なるかもしれませんが，本誤解と極めて似た発言をする経営者・管理者は少なくないと思われます．経営をよくするための“手段”としてさまざまな経営ツールが開発され，世の中に出てきているのですから，それらに興味があること自体は悪いことではありませんし，当然ともいえます．

しかし，経営ツールは経営をよくする手段であるのにもかかわらず，それ自体が目的化してしまい，流行している経営ツールの本質，特徴をよく理解しないまま導入し，効果が思ったように出ないからといってよく考えもせず，新たな経営ツールが流行りだすと今度はそちらに飛び移ることを繰り返す，という行動や思考スタイルに対して，強い危機感，懸念があります．

そのような行動の結果，TQMを含めて極めて大きな効果をもたらす可能性のある経営ツールの本来の効果を十分に引き出せずに途中で活用をやめ，「○○(経営ツール)は思ったより使えないね」という間違った結論に至ってしまいます．そればかりか，導入した現場では，その対応にバタバタしながら何とかやってきたのに効果が得られないので疲弊感のみが残ります．さらに最悪なことに，これまで現場でコツコツと作り上げ積み重ねてきた活動，仕組み，体制が，中途半端に導入された経営ツールによって，大きく崩されてしまうこともあり得るのです．

このような痛い経験を一度でも体験すれば，現場サイドは自分の今の現場を死守しようとしますから，今後どんなに有用な経営ツールの導入を謳ってみても「またか」，「現場には関係ないこと」という反応を示し，TQMを含めた経営ツールを効果的に導入するのを大いに妨げてしまいます．本誤解を取り上げた理由は，まさにここにあります．

なぜ，流行の経営ツールに追従してしまうのか？

1 取り組めば，経営が必ずよくなるという過度な期待

では，なぜ経営者・管理者は流行の経営ツールに追従してしまうのでしょうか．私が考える1つ目の主たる理由が「取り組めば経営が必ずよくなるという過度な期待」です．この理由は確かに一理あります．期待がまったくないのに経営ツールを導入するはずもないからです．ただ，その期待を現実の効果として実現するにはどうすればよいかをちゃんと考えなければなりません．

例えば，ISO 9001は多くの読者がご存知のとおり，「グローバルスタンダード化した，QMSのミニマムモデル」であり，計画どおりに実施することによって顧客と合意した製品・サービス仕様への適合を確実にすることに焦点が置かれています．このような本質，特徴を有したISO 9001の経営ツールを導入して経営がよくなるのは，顧客仕様に適合することが競争優位上重要なファクターとなり，かつ自社内のあらゆる計画(手順，マニュアルなども含む)どおりに実施することが重要な経営課題である(例えば，社内の製品不具合事例を分析してみると，挙げられた多くの要因が標準不遵守である)会社であり，しかもISO 9001を表層的にではなく有効に活用しようとした場合です．

また，一時期流行ったBPR (Business Process Reengineering)について考

えます．BPRの本質，特徴は，対象業務の目的を改めて認識し直したうえで，その目的達成のために本当に必要なプロセスが何であるかを，全組織に跨って鳥瞰図的視点からゼロベースで検討し，IT技術やアウトソーシングなどの手段を用いて，業務のQ，C，Dを抜本的に改善・向上させることにあります．

この本質，特徴を裏返して考えれば，多くの部門から構成されて部門間の連携がうまくいっておらずムダが多いか，毎年の組織改編に合わせて各部門の分掌業務が適切に整備されておらず結果として業務全体の目的が曖昧になっているなどの問題を抱えている会社では，BPRの経営ツールの導入は有効になり得るだろうと考えられます．

以上の2事例からもわかるように，期待した効果が現実化し，経営がよくなるのは，導入する経営ツールの本質や特徴が，自社が経営上解決すべき問題や問題構造とうまくマッチングしているからなのです．

このような理解を踏まえて，改めて流行する経営ツールを導入する意味を考えます．まず，その経営ツールは流行しているのですから，それなりに現在の多くの企業が抱える共通的な弱点や問題点をうまく突いているからであろう，と考えられます．しかし，当然ではありますが，各社が抱える課題・問題やその背景は同じ業種・業態であったとしてもまったく同じであることはないわけで，まさに百社百様です．つまり，多くの会社にとって有効であったツールが，本当に自社の課題・問題の解決に有効であるかどうかはまた別問題であるということであり，明確な根拠なしにそうなってほしいと祈って導入しても効果は得られません．

ここでいう“明確な根拠”とは，以下のことを意味します．

- 何よりもまず，自社が経営上解決すべき課題・問題やその問題構造が何であるかを把握すること，すなわち，経営ツールを導入する目的を明確にしてあること．
- 導入しようと思っている経営ツールの本質，特徴が何であるかを理解していること．特に，どのような課題・問題をどのような方法論上の工夫によって克服しようとしているか，どのような状況で有効に機能するか，逆に効果が薄れるのはどのようなときか，効果を最大限発揮させるためにどのような工夫が必要かについて理解していること．

- そのうえで，自社の経営課題や問題，さらにはその背景にある問題構造に照らして，経営ツールの本質，特徴を十分に活かすことができ，有効に機能する解決手段であると確信をもつこと

② 経営ツールが多すぎて，どれを使えばよいかに迷うからか？

流行するツールに追従してしまうもう１つの理由としては，「経営ツールが多すぎて，それぞれのツールの特徴をつかめない」ということも考えられます．

経営者・管理者の仕事は経営・管理であり，あらゆる経営ツールを勉強し尽くして，ツールの名称ばかりかその本質や特徴をすべて理解しておくことではありません．したがって，まず手始めに経営ツールを勉強してみるかと考えてその内容を学び始める，というアプローチは適切ではなく，むしろ自社が本当に解決すべき経営課題・問題を何であるかを知っていて，その経営課題・問題解決によく適合する本質や特徴を有する経営ツールをピンポイントで探すというアプローチがよいと考えます．これによって,「経営ツールが多すぎて，ツールの特徴をつかめない」という悩みは解消されます．

つまり，経営ツールありきではなく，最初に自社が解決すべき経営課題があって，その解決手段として経営ツールがあるというスタンスが極めて重要です．東京理科大学名誉教授の狩野紀昭先生も，「「TQM と経営」ではなく「経営と TQM」と表現すべきであり，TQM はあくまでも経営を行う手段で，TQM のために経営を行うのではない」と強く指摘しています．経営ツールに対する向き合い方，スタンスを今一度見直すべきと考えます．

流行する経営ツールへの盲目的な追従から経営目的達成のための賢い活用へ

前節より，本誤解で一番伝えたかったことを集約すれば，次のようになります．

- 経営ツールは手段であり，それを使う目的は経営課題の達成である．目的と手段を取り違えたり，手段の目的化は絶対に避けるべきである．
- まずは，自社の経営課題・問題の正しい認識が重要である．
- 次に，導入しようと思っている経営ツールの本質，特徴を理解する．この際，現存する経営ツールを手当たり次第に調べるのではなく，自社の経営課題・問題の解決に合った経営ツールにねらいを定めて選択する．
- 認識した経営課題・問題のすべてを既存の経営ツールのみで完全に解決できることは稀なので，解決戦略・戦術の“一部”として適用する．

これが，流行する経営ツールに惑わされることなく，効果を確実に出して経営をよくするための，経営ツールの賢い活用方法だと考えられます．

真っ当な経営課題・問題を特定する

前節で述べたように，経営課題・問題を正しく認識することがまず重要です．経営ツールの本質や特徴の理解については，専門書を読んだり，有識者に聞いたり指導を仰ぐことで代用できるかもしれませんが，その一方で，自社が抱えている経営課題や問題，その背景にある問題構造については，他の誰に聞いてもわかるはずもなく，自分自身が適切に分析し把握しておく必要があります．

経営課題・問題はすでに把握していると考えられている方がいるかもしれません．ただ，それは本当に真っ当な，優先的に解決すべき，経営の課題・問題なのでしょうか？

競合と比べてここがまずい，業界の中でもうちはあれがまだダメだから伸ばさないといけない，工場内ではこんな不具合が毎日のように起こっていて問題となっている，などと挙げてくる方が少なくありません．しかし，競合・業界との表層的な比較による差異や目の前にあるすでに起こっている問題が，本当に自社にとっていま優先的に解決すべき経営課題なのでしょうか．

スポーツの世界で日本は平均身長が高い国ではありませんが，その特徴に合った戦い方をすることで活躍している選手も多くいます．戦略スタイル，戦い方，戦術によって，身長が低いことが弱点ではなく強みにもなり得るのと同様に，企業・組織もその戦略に合った経営課題を正しく認識する必要があるでしょう．

要は，あるべき姿と現状とのギャップが解決すべき本当の課題・問題であるということであり，問題解決の世界での定説でもあります．そのため，超 ISO 企業研究会では，品質を中核とした顧客価値経営のための手法やツールを提供してきており，その考え方が真に取り組むべき経営課題の認識に役立つでしょう．その概略を述べれば，以下の①～⑤の流れで，真っ当な経営課題を特定できるとしています．

① 提供すべき顧客価値の明確化

② 自社がもつべき組織能力の特定

③ もつべき組織能力と現状との対比

④ 現状とのギャップの認識＝経営課題の理解

⑤ 経営課題の相対的重要性の認識＝取り組むべき経営課題の認識

詳細については『進化する品質経営―事業の持続的成功を目指して』，『ISO 9001 アンリミテッド―事業成功へのホップ・ステップ・ジャンプ』(いずれも日科技連出版刊)を参照してください．経営課題の適切な把握と理解なしでは，どんなに有望な経営ツールを導入したとしても，十分な効果など獲得できないのです．

経営ツールの本質，特徴を理解する

経営課題・問題を把握できたら，次はそれを解決するための経営ツールを選ぶことになります．経営ツールを有効に活用するためには，その本質，特徴を理解しておく必要があると申し上げました．

経営ツールの本質，特徴をどのように理解するかについてさまざまな観点があり得ますが，ここでは以下の3つの観点から整理しました．その結果が**図表23.1**です．

① 目的

② アプローチ

③ 手段

①は当該経営ツールの直接的な目的です．②のアプローチは①の目的を達成する方法に関する基本的考え方です．そして③の手段は，その目的達成・問題解決のためツールに実装されているカギとなる手段・方法という意味です．また，私はTQM信者でありますから(笑)，TQMについてはその構成要素である日常管理，方針管理などの重要な活動・手法についても取り上げました．

最近，注目されている経営ツールの導入を考えてみる

実際に，近年注目されている経営ツールの一つである，RPA (Robotic Process Automation)の導入について考えてみます．具体的な状況設定としては，あなたが経営ツールの導入・推進担当者だとします．経営者・管理者が自社の経営における基本的な課題認識をしたうえで，具体的なレベルで理解しているかどうかは別として，ある意味では直感的に「この経営ツールでいけるかもしれないので実際のところどうなのかを検討してみてほしい」との指示を受けたと想定しましょう．

RPAは，IoTやAI技術を用いて，業務プロセスの一部または全体の自動化

図表 23.1　経営ツールの本質とその特徴

経営ツール	①目的	②アプローチ	③手段
ISO 9001	合意した顧客要求事項を満たす製品・サービスの提供	顧客志向，システム志向・プロセス重視，マネジメント(PDCA)	グローバルスタンダード化したQMS要求事項
BPR (Business Process Reengineering：ビジネスプロセス・リエンジニアリング)	業務のQ，C，Dの抜本的な改善(業務改革)	目的志向，全体最適，業務プロセスの可視化・再設計	IT活用，目的に直結しない業務の削減，積極的アウトソーシング
BSC (Balanced Score Card：バランスト・スコア・カード)	事業環境に相応しいビジョン・経営戦略の設定・実現	財務に偏らない業績評価システム，財務業績結果の因果メカニズムの考慮，目的とその達成手段の組織的展開	4つの視点(財務／顧客／プロセス／学習と成長)，戦略マップ，適切な業績評価指標(KPI)のセット
RPA (Robotic Process Automation)	業務効率や生産性の向上	ICTを駆使した業務の一部代替化や自動化	IoTやAIなどのICT技術，事業プロセス自動化技術
TQM (Total Quality Management：総合的品質経営)	品質を中核としたシステム志向の顧客価値経営の実践	顧客志向，システム志向・プロセス重視，人間尊重，改善重視の科学的経営アプローチ	日常管理，方針管理，組織的改善活動，人材育成，QFD，DR，FMEA，工程管理，QCサークル，統計的手法など
日常管理	各部門における分掌業務の管理	業務のPDCA，標準化	業務機能展開，管理項目，プロセス条件(良品条件)，業務標準，維持・改善
方針管理	環境変化のなかでの経営目標・戦略の達成	全組織一丸の環境変化対応型管理体制の構築・運営	方針策定，方針展開(目的の分解，方策への展開，組織への展開)，上下左右でのすり合わせ，実施計画に基づく進捗管理，期央・期末におけるレビュー・振り返り
QFD (Quality Function Deployment：品質機能展開)	顧客ニーズ・要求を満たす根拠ある製品・サービス仕様の明確化	顧客要求と品質特性との関係性の科学的・体系的な把握	品質機能展開表，品質表(要求品質展開表，品質特性展開表，企画品質設定表などを含む)
FMEA (Failure Mode and Effects Analysis：故障モードと影響解析)	トラブル未然防止による製品信頼性の確保・向上	故障モードを手掛かりとする，その影響連鎖・因果メカニズムの把握による設計完成度向上	不具合現象を一般化・抽象化した故障モードの予測，故障モードの影響・発生確率・検知度合を考慮したRPN (Risk Priority Number)評価

を通じた，業務プロセスの効率化をねらいとしています．これによって，必要となる業務時間が低下することが期待されますから，近年の「働き方改革」にも貢献し得るものと注目されています．ここ 1 ～ 2 年続くコロナ禍の克服がなかなか見えない中で，特に関東圏内では移動の自粛要請で人手が足りないという状況では，RPA は一つの有効な解決手段といえるかもしれません．

経営ツールの導入・推進担当者であるあなたは，このツールを導入する際には，どのように検討されますか？「なぜ，流行の経営ツールに追従してしまうか」の節で述べた“明確な根拠”に基づけば，検討すべき事項は，

- 自社の経営課題の理解
- RPA の本質，特徴の理解
- 経営課題への取組みにおける RPA の有効性の確認

の 3 項目ということになり，これに導入の費用対効果を加えた 4 項目を検討すればよいことになります．これに沿って考えると以下のように検討して判断することになるでしょう．

1　自社の経営課題の理解

RPA という経営ツールを用いて解決したいと思っている自社の経営課題を特定します．すでに経営課題が明確であればよいのですが，そうでなければ経営課題をより具体化したり，その背景にある問題構造を分析する必要があります．その方法は「真っ当な経営課題・問題を特定する」の節で述べたとおりです．

より具体的に説明しましょう．例えば，あなたの会社が大手アパレル小売業者だとします．そして，アパレル業界での事業収益の源泉の一つは，売れ残り・在庫一掃セールをどのくらい減らせるかにかかっているとしましょう．ただ，将来どのような色やファッションが流行するかを予測するのはどのアパレルメーカーにとっても困難です．このような競争状況下で事業収益を出していくためには，流行をいかに予測するのかでなく，流行をいかに素早く察知し，

迅速に追随できるかが経営の重要課題であるとしましょう．これがあるべき姿です．

あなたの会社には日本国内でも数百店舗存在して，日々の各店舗の売上推移は隔週で各地域マネージャーに報告され，本部には月に 1 回集約した形で報告されるとします．また本部統括マネージャーは各地域から上がってくる膨大なデータと報告書のすべてに目を通すことになっているとします．これでは，日々の売れ筋・死に筋商品の変化を迅速に察知できないのは明らかです．これがあるべき姿に対する現状です．

すなわち，解決すべき課題・問題とは「多数の店舗売上状況をリアルタイムに把握して，売れ筋・死に筋商品について迅速に意思決定できるようになること」であり，この課題・問題が解決されれば，販売の機会損失ばかりか，売れ残り・在庫一掃セール自体を低減できます．

RPA の本質，特徴の理解

RPA で使われる IoT や AI 技術の進展度合い，すなわち，この技術によって何をどのように，どこまでできるようになったかの本質(限界も含めて)と特徴をきちんと理解します．

RPA 導入による効果の予測

❷で把握した RPA 技術の本質，特徴から，❶の自社の経営課題やその背景にある問題構造をどのように解決できるかを検討し，RPA 導入による予測効果を概算します．

例えば，RPA の導入によって，各店舗，各地域マネージャー，本部統括マネージャーに対して，店舗売上データがリアルタイムに，しかも売れ筋・死に筋商品の微妙な変化 / 推移が容易にわかるような形式で，自動的に提供されることがどこまで実現できるかを検討します．ここで，もし RPA 導入による経営課題の解決への貢献度合いが著しく低いのであれば，RPA 導入はご破算となり，経営課題の性質，特徴にあった別の経営ツールの導入を検討することになるでしょう．

④ RPA 導入の費用・期間の見積り

RPA 導入による効果が十分にあると判断されれば，次は自動化に向けた開発(アウトソーシングや共同開発を含めて)のための費用や期間を見積もります．

⑤ 費用対効果の評価

費用対効果(投資効果)と，その実現性・リスクを総合的に評価して，RPA を導入するかどうかを最終判断します．仮に，その時点で不明な点が多ければ，まずはパイロット・スタディーとしてある 1 つの業務プロセスで試行してみて，その成果(副作用も含めて)の状況によって本格的に導入するかどうかを見極めます．

⑥ 導入計画の詳細化

⑤で正式に RPA の導入が決定されれば，その導入計画を詳細化して策定することになります．この際には RPA の特徴，本質が最大限の効果を発揮できるような工夫を施すことになるでしょう．

業務プロセスの自動化が RPA の特徴ですから，作業量が多く，可視化できる定型業務・処理である場合，RPA は大いに効果を発揮できます．その意味で，従来の定型業務のみを対象とせず，一見して非定型業務に思える業務の定型業務化・パターン化などを行うのがよいでしょう．また，従来の定型業務に関してもそのまま自動化するのではなく，改めてその業務が必要か，業務フローにムダ，ムリ，ムラがないかを検討して業務フロー自体を単純化することによって，より大きな効果が得られます．

最後に忘れてはならないのは，そのRPAを使いこなす人です．これまで人によってなされていた業務・作業をRPAが代替するわけですから，人はより付加価値の高い処理・業務，すなわち判断業務にシフトすべきですし，適切な判断実施に必要なスキル・能力のための人材育成も進めるべきでしょう．そうしなければ，全体的な業務効率向上の効果は限定的なものとなります．

このように，RPAのみの導入を考えるのではダメで，経営課題・問題の解決戦略・戦術を総合的に考えていく必要があります．

7 RPAの浸透と定着を日常管理に組み込む

今回のRPA導入をきっかけとして，対象業務フローの見直しが行われます．RPA導入プロジェクトのような形ではなく，もっと日常的にこのような視点で継続的に業務を改善していくことが必要だと判断するのであれば，そのような考え方を従業員に浸透・定着させ，必要な仕組みを組織内に構築するのがよいでしょう．そのための非常に有用な経営ツールが「日常管理」です．

このように，自社が解決したい経営課題の内容に応じて，適材適所でその課題に適した経営ツールを使いこなせばよいでしょう．

なお余談ですが，「働き方改革」については，新聞などで「部下の残業時間は減ったが，上司である管理職の残業時間は高止まりしている」との記事がありました．これはすなわち，働き方改革といいながら，その本質を理解せず，仕事を別の誰か(社内の上司，またはアウトソースという形で外部に)シフトしているだけという実態が明らかになったといえます．「働き方改革」が経営ツールであるというのには違和感がありますが，それでも「働き方改革」の本質を表層的に理解し，残業時間を基準内に収めることのみに焦点をあてるのではなく，個々人の事情に合わせた多様な労働・勤務体制の整備とともに，本質的な業務プロセスの生産性向上を伴わないと，根本的な解決にはならないと考えます．

すでに導入決定済みの経営ツールにどう対応すべきか

前節では，経営ツールの導入をこれから決定するという状況での進め方を検討しましたが，現実に直面する状況としては，経営ツールの導入はすでに決定済みである場合も多いと思います．このような状況において，経営ツールの導入・推進担当者はどう考え，どう行動すればよいでしょうか．

2つの選択肢があるでしょう．1つは，事なかれ主義で何とか形式的でも経営ツールを導入し，経営者・管理者に対して導入したということで応え，現場にもなるべく“迷惑”をかけないようにする，という選択肢です．もう1つは，経営ツールの導入は決まってしまったのだから，これを契機にして，経営ツールの本質や特徴を理解し，この本質と特徴に照らして自社のどのような課題や問題を解決するのに役立てられるかを考えて解決していこう，という選択肢です．

当然のことながら，私は後者の選択肢をお勧めしたいのですが，前者に比べるといばらの道かもしれません．というのも，導入を決めた経営者・管理者自身が，何のために導入したのか，すなわち上述した“明確な根拠”をもって導入を決断したわけではないケースがほとんどだと推測されるからです．私自身が担当者でしたら，言われたことをただこなすことが苦手な性格ですので，以下のような行動をとることになろうかと思います．

① 導入することになった経営ツールについて自分なりに勉強し，その本質や特徴を理解します．同時に，類似している他の経営ツールについても調べるかもしれません．

② その理解のうえで，経営者・管理者に導入決定への経緯，目的を伺います．この場では，私は自分の意見を言わないように努めます．

③ また，現場での反応についても，いくつかの部門に伺ってヒアリングし

ます．また，話題を変えて，現場で抱えている本当に困っていること，問題も聞いておきます．聞いたことを整理したり，データを追加で収集して問題点やその背景を分析するかもしれません．

④　経営者・管理者の状況認識や現場での反応や抱えている問題を考慮して，問題・課題を解決する手段としてこの経営ツールを有効に機能させるためにどうすればよいか戦略を練ります．

⑤　その戦略に基づいて，もう一度経営者・管理者に確認のために伺います．そして，「前回お聞きした話を私なりに理解して整理してみた」という形で提示し，経営者・管理者の同意を得ます．この場での経営者・管理者の発言があれば，それを目の前で追加します．このようにして経営者・管理者から導入目的や意図について同意を得ます．

⑥　その同意を踏まえて，今度は現場に向かいます．現場には，経営者・管理者がこんな問題意識をもっていてこのツールを導入したいと言っている，と伝えます．過去にツール導入の失敗体験をしているのであれば，「あれが失敗したのは○○が理由であり，今回はそれとは違う，違うようにしてみせる」と伝えるかもしれません．導入は決定しているのだから，どうせやるのならば効果を出すように頑張ろう，と説得します．

もちろん，これは私の都合のよい想像であり，実際の現場ではこんなにスムーズにはいかないでしょうし，思いもよらぬ困難に直面するかもしれません．いずれにしても，導入決定済みの経営ツールの導入によって経営がよくなるという“明確な根拠”を得るために画策し，調整し，誘導することが，経営ツールの導入・推進担当者が果たすべき役割だと考えています．

他社の成功事例の読み取り方について

流行するツールということの別の側面としては，それだけ宣伝がうまいということでもあります．当然ながら，ツールを普及させたい側はそのような意図をもって，ツールの有効性をこれでもかこれでもかと“過剰に”訴求してきます．テレビのコマーシャルはその代表例でしょう．特に経営者・管理者にとって，「有名なあの会社でも適用していて成功している」というのは，その琴線に触れる殺し文句ともいえます．また，講演やシンポジウムでも「その背景にある基本的考え方や本質の説明よりも，とにかく実践例・適用例を見せてほしい」という要望が多いのも確かです．では，その適用例(成功事例)をどのように読み取ればよいでしょうか？

そもそも適用例というのはあくまでのその会社独自でやったことの軌跡であり，(講演などで聴講している方の)会社によって歩むべき軌跡は異なるはずです．その意味で，他社で成功した軌跡をそのまま自社でなぞろうと思うのは大きな間違いです．私は以下の２つの視点から他社の適用例を読み取るべきだと考えます．

第一は，ツールの適用例(成功事例)を通じて，そのツールの基本的考え方や本質，特徴の理解をより深めるという視点です．第二は，このツールは自社にとっても本当に役に立つ有効なものであるかという視点です．

例えば，第一の視点からは，そのツールの基本的考え方を言葉の表現や頭では理解してはいても，その考え方を現実として展開した適用例を見ることで，誤解していることに気がつくことが多々あります．また，ツールを適用した過程と成功した結果が説明されますので，そのように成功した理由はツールのどのような箇所(本質，特徴)から来ているかを理解することでもあります．

さらに重要なのは第二の視点です．単にその成功事例の中で何を実施したかではなく，その背景にある以下のようなことを読み取るべきです．

① この会社で成功したのは，その会社固有の経営環境，会社内の仕組みや活動状況，従業員の意識・慣習・行動スタイル，経営ツールの活用方法などどれに由来するものなのか，すなわち成功した要因，条件は何か．

② 把握したそれら成功の要因，条件はどのような状況であれば，その会社に限らず広く一般的に同様な効果が得られるか．

③ 自社がどのような状況にあり，この経営ツール導入によって十分な効果を期待できそうか．

例えば，先ほど説明したRPAについて，大手アパレル小売業者でのRPA導入成功事例を，あるコンシューマー向け電子機器製造会社に属するあなたがとあるセミナーで聞いたとしましょう.

①に関していえば，これまで何度も繰り返してきた“明確な根拠”，すなわち，RPAで解決したかった課題・問題やその背景はそもそも何だったか，その課題・問題はこのアパレルメーカーが直面している経営環境やこの会社の強み・弱みに照らして妥当な経営の課題・問題だろうか，RPAの本質，特徴をその経営課題・問題にどう活かして解決しようとしたのか，RPAの導入で直面した一番の困難や苦悩が何でそれをどう克服したのだろうか，RPAを円滑に導入し直面した困難や苦悩を克服できたポイント・秘訣は何だろうか，に疑問をもつべきでしょう.

②については，成功事例の内容はあなたの会社でいえばいわゆる“営業部門”での適用になりますので，自社の営業部門で同様な業務への適用をまずは思いつくでしょう．ただ，アパレル小売業者は日本国内市場をターゲットにしているのに対して，あなたの会社では日本国内に限らず欧州，アジア，米国を含めて海外20カ国に販売・営業活動を展開しており，世界各地域・エリアの市場ニーズやその変化も異なることから，各地域・エリアのニーズや変動に合った的確な商品展開を行う意味で，アパレル小売業者のやり方を変えて日本の本部統括マネージャーではなく，世界各地域・エリアマネージャーにその意思決定権を権限移譲するなどの工夫が必要になりそうです.

またあなたの会社には，営業部門に限らず，設計・開発や製造，それらを支える本部機能(購買，人材育成，財務・会計，品質保証)などもありますから，これらの部門・機能においても，人手による作業量の多い定型業務が多数存在していることから，その適用範囲をより広げることが可能だと気がつくかもしれません．他にもいろいろなことが考えられますが，要はアパレル小売業者の成功要因，条件を踏まえて，自社が属する業種・業界においても効果を発揮しうるか，その効果を十分に発揮するためにどのような工夫をしておくべきかを考察することになります.

③では，自社で効果を発揮できそうかどうかについてより具体的に検討することになります．自社（コンシューマー向け電子機器製造会社）における現在の重要経営課題・問題が，現在の利益率を維持したまま世界各国への営業・販売を拡大することであり，海外売上比率を従来の２割から５年後には２倍の４割にするということだとしましょう．これを達成するためには，営業・販売機能を世界の主要マーケットである各地域・エリアに整備することとともに，利益率確保のために新製品売上比率の向上が必要であり，それに伴い従来の製品設計・開発スピード・効率アップが求められているとします．とすれば，営業・販売機能の拡充戦略と，製品設計・開発スピードと効率アップ戦略の一部として，RPA という経営ツールを用いることが有用かもしれない，と思い至るかもしれません．

さらに，アパレル小売業者の成功事例の秘訣の一つとして，「一見して非定型業務に思える業務の定型業務化・パターン化すること」をあなたはすでに知っているので，営業・販売や製品設計・開発業務においてもその工夫を施したうえで RPA を導入すれば効果がより一層得られるだろうということも心に留めることになるでしょう．

とある講演会で，立派な企業の取組み事例を聞いて満足気に帰っていく人を何度も見たことがあります．あるとき，「何が面白かったのか」と聞く機会がありました．回答の詳細は覚えていませんが「こういう立派な会社はやはりこういうところまでやるんだから偉いよね」というような趣旨の発言でした．適用事例の聞き方として大変もったいない方法であるとともに，このような聞き方，理解の程度に留まってしまうようでは，経営ツールを十分な効果が出るように活用できないだろうなと思いました．適用事例の読み取り方について，ぜひ気をつけていただければと思います．

TQM という経営ツールの有効活用

最後に，本書の主題である TQM という経営ツールの有効活用について触れておきます．TQM は基本的考え方(品質，マネジメント)，経営管理の方法論(ビジョン，戦略，方針管理，日常管理，品質保証など)，手法(QC 手法，問題解決法，QFD，DR など)，推進方法(TQM 推進ステップなど)など実に広範な内容をカバーする実践的知見の体系です．この経営ツールを適用するにあたっては，TQM を上述してきた経営目的達成のための手段として活用していくことが重要です．

TQM を適用して経営目的達成に効果を上げた企業に適用されるデミング賞は，TQM の活用のあるべき姿を強く意識して評価し，賞の授与を行っています．

デミング賞における評価は，基本的に以下の３つの項目に基づいて行われます．

① 経営理念，業種，業態，規模，経営環境に相応しい，顧客志向の経営目標・戦略が策定されている

② ①の経営目標・戦略の実現のために，TQM が適切に活用されている

③ ②の結果として，①の経営目標・戦略について効果を上げている

①では，経営ツールである TQM そのものではなく，TQM を使う目的，つまり経営目標・戦略を策定することが要求されていることがわかります．しかも，トップが経営ツールとして TQM を選んできて，後は「やっておいて」と言って TQM 担当者に丸投げするのではなく，その TQM の活用において，リーダーシップを発揮しなければならないということも要求しています．つまり，TQM を実際に使う前に，その使用目的とそれに対する経営層の本気度を確かめるためのものとなっています．これが明確でなければ，どんなによい経営ツールも効果が得られるはずもない，という意図の表れでしょう．

②では，まさに経営ツールとしての TQM の活用そのものについて評価されます．ここで重要なのは“適切に”という点です．①で定めた経営目標・戦略を実現するために“適切”という意味です．経営目標・戦略は当然ながら個々の企業・組織で異なるのですから，TQM ツールを活用する点では同じかもしれませんが，その“活用の仕方”は企業・組織で千差万別でありますし，異な

るべきであるとも考えられます．

TQM には，上述したように，基本的考え方，経営管理方法，手法，推進方法など，実に多方面にわたる手段・方法が含まれますし，書籍，規格などが巷にあふれています．これらの型どおりに実施するのではなく，これらを参考にしつつ自社の状況に合った活用をしているかどうかが評価されます．TQM は何らかの市販のパッケージソフトを購入してそれをインストールし，それですぐにおしまい，という類のツールではないということです．

③では，TQM という経営ツールの適用によって経営効果が出たかどうかが評価されます．すなわち，①の経営目標・戦略についての効果があるかどうかと，それが②の TQM 適用による効果であるかどうかという 2 点が評価されます．

デミング賞の審査項目についての詳細な説明は他の機会に譲りますが，ここで申し上げたいことは，TQM に関する世界最高の賞とされるデミング賞においては，TQM そのものではなく，TQM の本質を知り賢く活用し効果をあげているかどうかが評価されている，ということです．

皆様が，世にある数ある経営ツールをいかに効果的に適用するか，とりわけ TQM という経営ツールをご自身の組織の経営に役立てられるよう期待しています．

引用・参考文献

1)　JIS Q 9023：2018「マネジメントシステムのパフォーマンス改善―方針管理の指針」

2)　JSQC-Std 00-001：2011「品質管理用語」

3)　JSQC-Std 31-001：2015「小集団改善活動の指針」

4)　JSQC-Std 33-001：2016「方針管理の指針」

5)　飯塚悦功：『現代品質管理総論』，朝倉書店，2009.

6)　TQM 委員会編著：『TQM―21 世紀の総合「質」経営』，日科技連出版社，1998.

7)　飯塚悦功：『現代品質管理総論』，朝倉書店，2009.

8)　飯塚悦功・金子雅明・平林良人編著，青木恒享・住本守・土居栄三・長谷川武英・福丸典芳・丸山昇著：『ISO 運用の“大誤解”を斬る！』，日科技連出版社，2018.

9)　超 ISO 企業研究会編，松本隆著：『< 超 ISO 企業実践シリーズ 4> 経営課題　お客様クレームを減らしたい』，日本規格協会，2005.

10)　久米均：「論説　品質コストについて」，『品質』，Vo1.14，No.1，pp.19-23，1984.

11)　デミング賞委員会：「日本品質奨励賞のしおり」，2021.

12)　飯塚悦功：「QC サークル活動の本質」，『品質』，Vol.27，No.2，pp.43-48，1997.

索　引

【さ行】

【た行】

【な行】

編著者・著者紹介

編著者

飯塚　悦功(いいづか　よしのり)　全体編集，誤解の紹介，誤解3，4，13執筆担当
超ISO企業研究会　会長，東京大学名誉教授，JAB理事長

1947年生まれ．1970年東京大学工学部卒業．1974年東京大学大学院修士課程修了．1997年東京大学教授．2013年退職．2016年公益財団法人日本適合性認定協会(JAB)理事長．日本品質管理学会元会長，デミング賞審査委員会元委員長，日本経営品質賞委員．ISO/TC 176前日本代表，JAB認定委員会元委員長などを歴任．

金子　雅明(かねこ　まさあき)　全体編集，誤解の紹介，誤解1，7，12，23執筆担当
超ISO企業研究会　副会長，東海大学情報通信学部経営システム工学科　准教授

1979年生まれ．2007年早稲田大学理工学研究科経営システム工学専攻博士課程修了．2009年に博士(工学)を取得．2007年同大学創造理工学部経営システム工学科助手に就任．2010年青山学院大学理工学部経営システム工学科助手，2013年同大学同学部同学科助教，2014年東海大学情報通信学部経営システム工学科専任講師(品質管理)，2017年同大学同学部同学科准教授に就任し，現在に至る．専門分野は品質管理・TQM，医療の質・安全保証，BCMS．

平林　良人(ひらばやし　よしと)　全体編集，誤解5，6執筆担当
超ISO企業研究会　副会長，株式会社テクノファ　取締役会長

1944年生まれ．1968年東北大学工学部卒業．1987年セイコーエプソン英国工場取締役工場長．1998～2002年公益財団法人日本適合性認定協会(JAB)評議員，2001～2010年ISO/TC 176(ISO 9001)日本代表エキスパート，2002～2010年東京大学大学院新領域創成科学研究科非常勤講師，2004～2007年経済産業省新JISマーク制度委員会委員，2008～2014年東京大学工学系研究科共同研究員，2016年～現在ニチアス株式会社社外取締役．

著者

青木　恒享(あおき　つねみち)　まえがき執筆担当

超 ISO 企業研究会　事務局長，株式会社テクノファ　代表取締役

1965 年生まれ．1988 年慶應義塾大学理工学部卒業．1988 ～ 1999 年安田信託銀行株式会社勤務．1999 年株式会社テクノファ入社，2013 年同社代表取締役に就任．現在に至る．

小原　愼一郎(おはら　しんいちろう)　誤解 8，18 執筆担当

超 ISO 企業研究会メンバー，小原 MSC 事務所　代表，公益財団法人日本適合性認定協会 MS・GHG 認定審査員，検証審査員，環境カウンセラー

1945 年生まれ，1970 年慶應義塾大学大学院工学研究科修士課程修了，富士通株式会社通信部門入社，通信部門の品質管理・QMS 構築，全社の EMS 構築，および認証取得・維持などに従事．1990 年品質管理部長，1996 年生産システム本部主席部長．1998 年から JAB にて MS 認定・認証制度の普及，認証審査の質向上に MS 認定部専門部長，認定審査員などの立場から参画．この間 JICA の専門家として中国の EMS 認定機関の支援，IAF/PAC Peer Evaluator，ISO/TC 207/SC 1 国内 EMS 委員会 / JIS 化委員などを担務．

土居　栄三(どい　えいそう)　誤解 2，11 執筆担当

超 ISO 企業研究会メンバー，マネジメントシステムサポーター

1953 年生まれ．元大阪いずみ市民生活協同組合 CSR 推進室長．2000 ～ 2012 年まで同生協で環境・品質をはじめ社会的責任課題全般を対象とするマネジメントシステムの構築・推進を担当．2013 年以降は全国の生協や企業のマネジメントシステムの支援も手掛けている．

長谷川　武英(はせがわ　たけひで)　誤解 15 執筆担当

超 ISO 企業研究会メンバー，クォリテック品質・環境システムリサーチ　代表

公益財団法人日本適合性認定協会(JAB)認定審査員，検証審査員，元日本自動車工業会(JAMA)品質システム WG 副主査．

元本田技研工業株式会社技術主幹：1970 ～ 1998 年 法規認証，品質管理・保証・

監査，開発管理，欧州においてEC指令の調査・分析，JAMA活動支援，英国工場QMRを歴任，QMS初期構築．1998年QS-9000認定審査員，自動車セクター専門家として企業研修，コンサルティング起業．2002年IAF/PAC Peer Evaluator.

福丸　典芳(ふくまる　のりよし)　誤解4，17執筆担当

超ISO企業研究会メンバー，有限会社福丸マネジメントテクノ　代表取締役

1950年生まれ．1974年鹿児島大学工学部電気工学科卒業．1974年日本電信電話公社入社．1999年NTT東日本株式会社ISO推進担当部長，2001年株式会社NTT-MEコンサルティング取締役．2002年有限会社福丸マネジメントテクノ代表取締役に就任し，現在に至る．一般財団法人日本規格協会品質マネジメントシステム規格国内委員会委員，一般社団法人日本品質管理学会管理技術部副部会長などを務める．

松本　隆(まつもと　たかし)　誤解16，19，22執筆担当

超ISO企業研究会メンバー，MT経営工学研究所　代表，関西学院大学専門職大学院経営戦略研究科 客員教授

1947年福岡県に生まれる．1971年早稲田大学理工学部工業経営学科卒業．1971～2003年古河電気工業株式会社勤務，2003～2008年日本規格協会勤務．2008年MT経営工学研究所を設立，2011年関西学院大学の客員教授(「標準化経営戦略」を担当)に就任し，現在に至る．最近はQMS/EMSの審査やコンサルティングなども行っている．

丸山　昇(まるやま　のぼる)　誤解14，20執筆担当

超ISO企業研究会メンバー，アイソマネジメント研究所　所長

1947年東京に生まれる．1977年ぺんてる株式会社(文具製造業)に入社．生産本部QC・TQC・IE担当次長，茨城工場の企画室次長などに従事．2002年に同社を退社し，アイソマネジメント研究所を設立．最近は，中小企業診断士，元 日本品質奨励賞審査委員，ISO 9001およびISO 14001主任審査員として，中小・中堅企業向けの経営，生産，品質管理を中心としたコンサルティングや，セミナー講師，企業診断・審査活動などを行っている．

村川　賢司(むらかわ　けんじ)　誤解 9，10，21 執筆担当
超 ISO 企業研究会メンバー，村川技術士事務所　所長

1950 年生まれ．1976 年東京工業大学大学院総合理工学研究科社会開発工学専攻修士課程修了(工学修士)．同年前田建設工業株式会社入社．TQC 推進室長，品質保証室長，総合企画部部長などを務め，2008 年同社顧問(2019 年退任)．2011 年村川技術士事務所開設，現在に至る．現在，一般財団法人日本科学技術連盟評議員および ISO 審査登録センター審査登録判定会議，株式会社マネジメントシステム評価センター公平性委員会および判定委員会などの委員を務める．技術士(経営工学部門，総合技術監理部門)．

TQM うちのトップ・上司の“大誤解”を斬る！
品質管理で儲かるのか？

2021年11月30日　第１刷発行

編著者　飯塚　悦功　金子　雅明
　　　　平林　良人
著　者　TQMの“大誤解”を斬る！
　　　　編集委員会
発行人　戸羽　節文

検　印
省　略

発行所　株式会社 日科技連出版社
〒151－0051　東京都渋谷区千駄ヶ谷5－15－5
DSビル
電話　出版　03－5379－1244
　　　営業　03－5379－1238

Printed in Japan　　　印刷・製本　㈱金精社

ISBN 978-4-8171-9746-7
https://www.juse-p.co.jp/